基于近邻思想和同步模型的聚类算法

陈新泉　著

電子工業出版社
Publishing House of Electronics Industry
北京•BEIJING

内 容 简 介

本书以近邻思想、同步聚类模型及快速同步聚类算法为研究课题，重点研究了基于近邻图与单元网格图的聚类算法、基于近邻势与单元网格近邻势的聚类算法、快速同步聚类算法、基于 Vicsek 模型线性版本的同步聚类算法、基于线性加权 Vicsek 模型的收缩同步聚类算法、基于分而治之框架与收缩同步聚类算法的多层同步聚类方法和基于 ESynC 算法与微聚类合并判断过程的组合聚类算法等。

本书可作为聚类分析领域研究生的教学和科研参考教材，也可作为智能数据分析与处理技术人员的自学研究参考教材。

图书在版编目（CIP）数据

基于近邻思想和同步模型的聚类算法 / 陈新泉著. —北京：电子工业出版社，2024.5

ISBN 978-7-121-47692-1

Ⅰ. ①基… Ⅱ. ①陈… Ⅲ. ①聚类分析－计算机算法 Ⅳ. ①O212.4②TP301.6

中国国家版本馆 CIP 数据核字（2024）第 075932 号

责任编辑：张　楠　　　　文字编辑：白雪纯
印　　刷：三河市鑫金马印装有限公司
装　　订：三河市鑫金马印装有限公司
出版发行：电子工业出版社
　　　　　北京市海淀区万寿路 173 信箱　　　邮编：100036
开　　本：720×1000　1/16　印张：9.25　字数：177.6 千字
版　　次：2024 年 5 月第 1 版
印　　次：2024 年 5 月第 1 次印刷
定　　价：59.00 元

凡所购买电子工业出版社图书有缺损问题，请向购买书店调换。若书店售缺，请与本社发行部联系，联系及邮购电话：（010）88254888，88258888。

质量投诉请发邮件至 zlts@phei.com.cn，盗版侵权举报请发邮件至 dbqq@phei.com.cn。

本书咨询联系方式：（010）88254590。

作者简介

陈新泉，男，1974年7月生，湖南安仁人，博士后，教授、硕士生导师；系统仿真&仿真技术应用专委会委员、计算机学会3个专委会委员、CCF高级会员、中国复杂性科学研究会会员、安徽省计算机学会青工委委员、安徽工程大学学报编委；多个国际知名SCI期刊（如*Data Mining and Knowledge Discovery*、*Computational Intelligence*等）和国内期刊的审稿人、国际SCI期刊*Journal of Intelligent & Fuzzy Systems*的副主编。多次参与省自然科学基金及省重大专项项目的评审，参与过多个国家级、省部级科研项目，主持过5个省厅级科研项目。在数据挖掘领域从事了20多年的研究，有着较为丰富的科学研究和教学工作经历。在混合型数据集的加权聚类分析、特征权重优化、同步聚类、深度聚类方面有着较为深入的研究。已独立出版了2部学术专著，在CCF推荐SCI源期刊及其他期刊或会议上以第一作者身份发表了40多篇学术论文，其中SCI检索期刊论文7篇，CSCD检索期刊论文8篇。

作者联系邮箱：chenxqscut@126.com。

实验代码集

前　言

大数据时代，数据量规模变大、维数增多、类型多样化。为了提升聚类算法的适应度、有效性和高效性，基于近邻思想和同步模型的新型、高效聚类算法得到了发展。本书以近邻思想、同步聚类模型及快速同步聚类算法为研究课题，重点研究了基于近邻图与近邻网格图的聚类算法、基于近邻势与单元网格近邻势的聚类算法、快速同步聚类算法、基于 Vicsek 模型线性版本的同步聚类算法、基于线性加权 Vicsek 模型的收缩同步聚类算法、基于分而治之框架与收缩同步聚类算法的多层同步聚类方法、基于 ESynC 算法与微聚类合并判断过程的组合聚类算法等。

本书的创新工作主要表现在以下 7 个方面。

（1）基于近邻思想与最小生成树，提出了基于近邻图与单元网格图的聚类算法。

（2）基于近邻思想和近邻势的叠加原理，提出了基于近邻势与单元网格近邻势的聚类算法。

（3）利用适用于动态聚类过程的空间索引结构，提出了快速同步聚类算法的三种实现方法。

（4）基于 Vicsek 模型的线性版本，提出了一种更为有效的同步聚类算法。

（5）基于 Vicsek 模型的线性加权版本，提出了一种更为高效的收缩同步聚类算法。

（6）面对大数据时代的海量数据处理需求，提出了一种基于分而治之框架与收缩同步聚类算法的多层同步聚类方法。

（7）面对复杂不规则的数据分布，提出了一种基于 ESynC 算法与微聚类合并判断过程的组合聚类算法。

本书配有主要算法的代码实现等资源。

目　录

第1章　聚类算法与空间索引结构基础

1.1　背景与意义

21 世纪是一个信息化、数据化和知识化的时代，信息技术正改变着人类社会的方方面面。目前，人们已经认识到，只有将数据转化成信息或从数据中挖掘出知识，才能发挥数据的最大价值。传统的数据挖掘算法随着大数据时代的到来，表现得越来越力不从心。随着第二代 Web 的发展及物联网、云计算和大数据技术的兴起，迫切需要开发更加成熟的机器学习算法来处理不同类型、不同属性及不同维度的海量数据，以支持正确的决策和行动。

在统计学领域，聚类分析被称为多元统计分析。通过计算出数据集的一些统计参数信息，获知数据集的分布特性及分布状况。从数据挖掘的角度来看，聚类分析的目的是获得有意义、有实际价值的数据集的内在分布结构，进而简化数据集的描述。与纯粹的理论研究不同，数据挖掘领域的聚类分析属于一种应用驱动型的智能数据分析技术。

从机器学习的视角来看，作为数据挖掘的一个重要分支——聚类，属于一种非监督学习方法，它试图在无标签数据集中发现它的分布状况或内在模式。通常认为，同一聚类中的数据点比不同聚类中的数据点具有更大的相似性[1]。随着数据挖掘的兴起，聚类开始应用于实际问题中经常出现的具有多种类型和复杂分布结构的数据集。

聚类算法被研究了几十年，到目前为止，已公开发表了近千种聚类算法。但没有一种聚类算法敢声称是通用的、普适的，几乎所有的聚类算法都有某种缺点。例如，一些聚类算法更适用于或只能处理一定类型的数据，一些聚类算法擅长处理具有某种特殊分布结构的数据，而不能很好地处理具有其他分布结构的数据。现实世界中的数据，或是具有复杂的分布，或是具有多种数据类型，或是数据量巨大，或是含有噪声，或是含有孤立点等。为了应对不同背景下的不同聚类任务，研究人员一直在研究可处理不同数据类型，适用于不同任务的更先进的聚类算法。

1.2 聚类算法简介

由于聚类分析属于一个交叉研究领域，融合了多个学科的方法和技术，所以可以从多角度、多层次来分析现有的聚类算法。Qlan Wei-Ning 等[2]从多个角度分析了现有的许多聚类算法；Johannes Grabmeier 等[3]从数据挖掘的角度（如相似度的定义、相关的优化标准等）分析了许多聚类算法；Arabie 和 Hubert 的论文[4]是一个关于聚类方面的很好的参考文献；Jain 等[1]也对聚类分析领域做了一个很好的综述。

传统的聚类算法大致可以分为基于划分的聚类算法[5,6]、层次聚类算法[7-9]、密度聚类算法[10-12]、网格聚类算法[13,14]、模型聚类算法[15]、图聚类算法等。近年来，量子聚类算法[16]、谱聚类算法[17,18]、同步聚类算法[19-23]等也流行起来。

1.2.1 基于划分的聚类算法

基于划分的聚类算法通过构造一个迭代过程来优化一个目标函数，当优化到目标函数的最小值或极小值时，可以得到数据集的一些不相交子集，通常认为此时得到的每个子集都是一个聚类。

多数基于划分的聚类算法是非常高效的，但需要事先给定一个在聚类分析前难以确定下来的聚类数目。k-means（k 均值）算法[5]和 FCM（Fuzzy C Means，模糊 C 均值）算法[6]是该类型的两种著名算法。另外，PAM（Partitioning Around Medoid，围绕中心点的划分）和 CLARA（Clustering Large Applications，聚类大型应用）算法[24]、k-模算法（聚类分类数据）和 k-原型算法[25]（聚类混合数据）也属于该类型的算法。

基于划分的聚类算法易于实现，通常具有很好的复杂度，其时间复杂度和空间复杂度与数据点数目 n 和预先设定的聚类数目 k 呈线性关系。由于基于划分的聚类算法的目标函数优化是一个 NP（Non-deterministic Polynomial，非确定性多项式）难问题，因此要搜索到最小值，所花费的时间代价非常高，而且很容易陷入局部极小值。对于有些数据集，即使优化到其目标函数的全局最小值，所对应的聚类簇也未必与数据集的实际分布结构相吻合。正是因为这种算法存在的优点和缺点，所以自 k-means 算法和 FCM 算法发表以来，一直有大量研究人员从事这方面的理论改进及扩展研究工作。

例如，对于一些局部分布稀疏不均、聚类区域的形状及大小很不规整的数据集，k-means 算法常常不能很好地探测出其聚类分布结构。为克服 k-means 算法与初始化有关的两个重大缺陷（聚类数目的确定、初始聚类中心的选择），许多研究人员进行了更为深入的研究。

在聚类中心的初始化方向上，Arthur D 等[26]提出了 k-means++这种复杂的改进算法，但实际上，它的改进效果并不总是十分明显的；Zalik[27]提出的算法较好地解决了聚类数目的确定和初始聚类中心的选择问题；Cao 等[28]提出了一种利用数据点的邻居信息来确定初始聚类中心的方法。在确定合适的聚类数目方向上，许多研究人员在聚类有效性函数方面开展了一些研究，提出了 MH 指数[29]、DB 指数[30]、Dunn 指数[31]和 Dunn 推广指数[32]等。

1.2.2　层次聚类算法

层次聚类算法[33]使用一个距离矩阵作为它的输入，经过聚类后得到一个聚类层次结构图。层次聚类算法通常可分为两种，第一种为凝聚的层次聚类算法，它将所有的数据点以自底向上的方式通过不断的合并操作，构造出一棵代表该数据集聚类结构的层次树；第二种为分裂的层次聚类算法，它将所有的数据点以自顶向下的方式通过不断的分裂操作，构造出一棵代表该数据集聚类结构的层次树。

早期的层次聚类算法有 Kaufman 等[24]提出的 AGNES（Agglomerative Nesting，凝聚的嵌套）聚类算法和 DIANA（Divisive Analysis，分裂的分解）聚类算法。后来，Zhang 等提出的 BIRCH（Balanced Iterative Reducing and Clustering Using Hierarchies，使用层次结构的平衡迭代约简与聚类）算法[9]是一种更为著名的改进凝聚型层次聚类算法，它采用聚类特征（Cluster Feature，CF）树进行层次聚类，以达到改进聚类质量的目的。Guha 等提出的 CURE

（Clustering Using Representative，使用代表实例的聚类）算法[7]和 ROCK（Robust Clustering Using Links，使用链接的健壮聚类）算法[34]，Karypis 等提出的 CHAMELEON（变色龙）算法[8]也是三种著名的层次聚类算法。

尽管层次聚类算法的时间代价高于基于划分的聚类算法，但多数层次聚类算法并不需要一个预先的难以设定的参数，而且这类算法可以获得一个具有多个粒度的多层次聚类结构，这是它区别于基于划分的聚类算法的最大优点。

1.2.3 密度聚类算法

基于划分的聚类算法通常只适用于发现凸形聚类簇，而对于任意形状的聚类簇，就显得有些力不从心了。密度聚类算法试图通过稀疏区域来划分高密度区域，以发现明显的聚类和孤立点。DBSCAN（Density-Based Spatial Clustering of Applications with Noise，面向带噪声应用的基于密度的空间聚类）算法[10]是著名的密度聚类算法。在 DBSCAN 算法中，“密度可达性”被用来连接一些在某个距离范围内满足一定密度阈值的数据点。可见，DBSCAN 算法需要两个参数——距离参数和密度阈值参数。OPTICS（Ordering Points to Identify the Clustering Structure，可识别聚类结构的有序点）算法[11]是 DBSCAN 算法的一个推广，据说能比 DBSCAN 算法更好地处理不同密度的数据集。EnDBSCAN（Enhanced Version of DBSCAN，DBSCAN 的升级版）算法[12]则是 DBSCAN 算法在效率上的一个变种。

1.2.4 网格聚类算法

网格聚类算法是一种基于网格的具有多分辨率的聚类算法，它首先将数据集的分布空间划分为若干规则网格（如超矩形单元）或灵活的网格（如任意形状的多面体），然后通过融合相连的带数据概要信息的网格来获得明显的聚类。显然，几乎所有的网格聚类算法都属于近似算法，它们能处理海量数据。STING（Statistical Information Grid，统计信息网格）算法[14]就是这种算法的典型代表，CLIQUE（Clustering In Quest，在寻求中聚类）算法[13]是一种基于网格和密度的混合聚类算法。

1.2.5　模型聚类算法

模型聚类算法借助于一些统计模型来获得数据集的聚类分布信息。这种算法假定数据集是由有限个概率分布模型共同作用生成的。在这种算法中，多变量的高斯分布混合模型应用最为广泛。模型聚类算法有 COBWEB[35]、CLASSI[36]和 AutoClass[37]等算法。

1.2.6　图聚类算法

采用图聚类算法[15]进行聚类分析时，首先需要建立与具体问题相适应的图。图的节点代表被分析数据的基层单元，图的边代表基层单元数据之间的相似性度量（或相异性度量）。通常，每个基层单元数据之间都存在一个度量表达，从而保持数据集的局部分布特性。图聚类算法以数据集的局部连接特征为聚类的主要信息源，因而善于处理局部敏感型数据。

1.2.7　其他聚类算法

量子聚类算法借用了量子学理论，首先从源数据中创建一个基于空间尺度的概率函数，然后使用一些分析操作来获得一个根据极小值来确定初始聚类中心的势函数，最后通过调整一个尺度参数来搜索聚类结构。

谱聚类算法通过源数据的相似度矩阵来计算特征值，进而可以发现明显的聚类区域。许多谱聚类算法都易于实现，其效果优于传统的聚类算法，如 k-means 算法。它们在许多应用中也都获得了成功。用于图像划分的 Shi-Malik 算法[38]就是基于谱聚类算法开发出来的。

1.3　聚类算法的研究现状及发展趋势

近十几年来，出现了几篇著名的聚类算法论文。例如，Frey 等[39]于 2007 年发表在 *Science* 上的 AP（Affinity Propagation Clustering，亲和力传播聚类）算法，引领了新型的基于概率图模型的聚类算法的研究方向。2010 年，Böhm 等[19]受大自然普遍存在的同步原理启发，将同步现象引入聚类领域，在 KDD

（Knowledge Discovery and Data Mining，知识发现与数据挖掘）大会上发表了一篇易于实现的同步聚类算法论文，将 Kuramoto 模型进行了适当推广，得到了可应用于聚类算法中的 Kuramoto 扩展模型，提出了 SynC（Synchronization Clustering，同步聚类）算法。SynC 算法可以在不知道数据集的任何分布情况下，通过动态的同步过程来发现它的内在结构，并能很好地处理孤立点。该论文同时将最小描述长度（Minimum Description Length，MDL）原理[40]应用于 SynC 算法，提出了一种自动优化参数的方法。基于同步模型的聚类算法可以缓解聚类分析和噪声检测在传统数据上的某些难题，具有动态性、局部性及多尺度分析等特性，可以在一定程度上解决大规模数据的聚类分析所面临的困难。自此之后，新型的基于同步模型的聚类算法形成了一个研究热潮。Alex Rodriguez 等[41]于 2014 年发表在 *Science* 上的 DP（Density Peak Clustering，密度峰值聚类）算法，为聚类算法的设计提供了一种新的思路。

除了这些聚类算法论文，还大量发表了一些改进型聚类算法论文、多种技术结合型聚类算法论文及聚类应用论文。例如，Athman Bouguettaya 等[42]利用一组相连的数据点子集的中心点建立了一个层级结构，提出了一种高效的凝聚层次聚类算法。María Luz López García 等[43]将 k-means 算法扩展后，应用到功能型数据的聚类分析中。Celal Ozturk 等[44]提出了一种基于二元人工蜜蜂群体算法的动态聚类算法，这是一个将群体智能方法应用到聚类算法中的典型例子。该算法不仅能自动确定最优的聚类数目，而且能获得较好的聚类质量。Youness Aliyari Ghassabeh[45]通过引入 Lyapunov 函数（李雅普诺夫函数），发现 Mean Shift（均值漂移）算法的平衡点是渐近稳定的。这意味着在 Mean Shift 算法中，从一个平衡点的近邻区域内任一点开始迭代，所产生的序列最终都会收敛到该平衡点。这项成果推进了 Mean Shift 算法在理论上的收敛性分析研究。Alexander Kolesnikov 等[46]提出了一种基于量子纠错的参数建模方法来确定最优聚类数目的方法，该方法目前主要应用于数值型数据集。Luis Javier García Villalba 等[47]比较分析了图像领域中的聚类技术，为实时图像处理软件的开发提供了参考方法。Luz López García 等[48]提出了一种适用于功能数据的 kk-means 算法。Ritter 等[49]提出了一种基于统计的简易近邻聚类算法，该算法能够消除背景噪声、孤立点，并且能够从一些数据集中检测出具有不同密度的聚类区域。

1.4 同步聚类

1.4.1 同步的起源与发展

许多复杂过程中都存在同步，如细胞的新陈代谢、自然界的节律、群体的意见等。同步现象已被广泛地研究和建模[50-52]。

Vicsek 等[50]提出了一个带噪声的多智能体系统的基本模型，这个基本模型可以看作 Reynolds 模型[53]的特殊版本。仿真结果表明，一些使用 Vicsek 模型或 Czirok 等[54]提出的一维模型的系统，在种群规模大、噪声小时可以同步。这种模型可以通过局部同步来探测数据中的聚类簇和噪声。Jadbabaie 等[55]分析了一个无噪声的简化 Vicsek 模型，并为最近邻规则提供了一种理论解释。该规则可以导致所有智能体最终在同一方向上移动。Liu 等[56]在给定初始条件和模型参数后，给出了 Vicsek 模型的同步特性。Wang 等[57]研究了噪声干扰下的 Vicsek 模型，给出了一些理论结果。Nagy 等[58]在鸽群中发现了一个层级结构非常明显的领导-追随者影响网络，在群体飞行中，层级组织可能比平均分散更有效。此后，有关鸟群通信机制的报道发表在 *Nature* 及其子期刊上。Zhang 等[59]发现鸽群的飞行模式常常在层级结构与平均分散之间切换。因此认为鸽群的飞行切换机制可以在一些工业中得到应用，如多机器人系统的协调和无人驾驶车辆的队形控制。Chen 等[60]发现鸽群采用一种包含一个领导者和一些追随者的两层交互网络。对于小鸽群，两层交互网络的群体飞行可能比多级拓扑结构更有效。Wu 等[61]提出了几种通过构造能量函数来探索正定不变集，并从多速率的 Kuramoto 同步网络中获得边权重初值的方法。仿真实验证实了 Wu 等所提方法的有效性和守恒性。

1.4.2 同步聚类的起源与发展

Allefeld 和 Kurths[62]于 2004 年首次提出了一种通用的多元相位同步统计分析方法，该方法使用一种随机动态模型，在心理实验中获得了可接受的聚类结果。

为了分析细胞周期特异性基因表达数据，Kim 等[63]把细胞周期特异性基因视为具有节律的振荡系统，并应用多元相位同步理论对细胞周期特异性基因表达数据进行聚类。在一些评估实验中，该方法可以探索来自特定生物过程的表达信号。

自 Böhm 等[19]在 KDD2010 上发表了基于 Kuramoto 扩展模型的聚类算法后，吸引了一些研究人员的注意。一些研究人员从不同视角、不同应用领域发表了多篇同步聚类方面的论文。2013 年，Huang 等[20]在文献[19]的基础上，提出了 SHC（Synchronization-based Hierarchical Clustering，基于同步的层次聚类）算法。通过局部近邻对象间的同步，SHC 算法可以检测出任意形状和大小的聚类；通过设置不同的近邻距离，SHC 算法可以获得多层次的聚类结构；通过使用轮廓宽度准则这种聚类有效性指标，SHC 算法可以自动地选择最优聚类数目。

为了更自然地从真实复杂数据集中检测出孤立点，Shao 等[64]从同步遗漏角度，提出了一种新颖的孤立点检测算法。“维数灾难”和“可扩展性”是聚类领域的两大挑战。为了发现高维稀释数据集在子空间中的多个聚类簇，基于加权的交互模型和迭代的动态同步聚类过程建模，Shao 等[65]提出了一种新颖有效的子空间聚类算法，即 ORSC（Arbitrarily Oriented Synchronized Clusters，任意方向的同步聚类）算法。ORSC 算法无须指定子空间维数及聚类数目，就可以很容易地发现噪声和孤立点，可以在任意方向的子空间中检测出关联聚类。为了从层次聚类结构中检测出有价值的层次信息，Shao 等[21]提出了一种基于同步原理和最小描述长度原理的 hSync（Hierarchical Synchronization Clustering，层次同步聚类）算法。hSync 算法将每个对象都视为相位振荡器，对其动态同步行为进行建模。通过与局部其他对象的交互作用，每个对象在非线性移动规则下逐步与其近邻对象对齐。hSync 算法可以检测出一些具有不同形状和数据分布的聚类簇，发现自然的层次聚类结构。

为了找到复杂图的内在模式，Shao 等[22]把图聚类看作一个趋向同步的动态过程，提出了一种新颖的 RSGC（Robust Synchronization-based Graph Clustering，健壮的基于同步的图聚类）算法。RSGC 算法为图聚类提供了一个新的视角，它可以发现聚类并探索图中的噪声顶点。

为了更好地从数据流中提取有价值的信息，Shao 等[23]提出了一种用于检测概念漂移的基于原型学习的数据流挖掘算法。该算法不是在滑动窗口或集成学习上学习单个模型，而是通过在称为 P 树的新数据结构中动态维护一组原型来捕获不断发展的概念。通过误差驱动的代表学习和同步启发的约束聚类获得随时间变化的原型。为了识别数据流中突然的概念漂移，采用主成分分析方法和基于统计的启发式方法。

为了克服 SynC 算法只能分析中小规模数据的缺点，Ying 等[66]提出了 LSSPC（Large Scalable Synchronization-inspired Partitioning Clustering，大的可扩展的基于同步的划分聚类）算法。LSSPC 算法使用中心约束的最小闭包球和约简集，首先以渐近线性的时间复杂度把一个大数据集压缩成一个约简集，然后使用基于 Davies-Bouldin 聚类准则的 SynC 算法来分析约简集。LSSPC 算法提出了一个新的观察局部同步程度的有序参数，理论分析和实验验证了 LSSPC 算法能够有效地从大数据集中捕获孤立点和独立的聚类簇。

Shao 等[67]提出了一种适用于大数据集的有效的可扩展的同步聚类算法 CIPA（Clustering by Iterative partitioning and Point Attractor Representations，通过迭代划分与吸引子表示的聚类）。CIPA 算法迭代地把大数据集划分为多个子集，对每个子集进行聚类。在 CIPA 算法中，每个子集都由一组吸引子和孤立点表示。通过对由所有子集的吸引子和孤立点组成的数据集进行聚类，从而捕获数据集的聚类结构。CIPA 算法可以有效地处理一些大数据集，并获得可接受的聚类质量，还可以并行地处理分布式数据。

为了发现基因表达数据的协同聚类结构，Shao 等[68]提出了一种新颖的基于同步的协同聚类算法 CoSync（Co-clustering Synchronization，协同聚类同步）。CoSync 算法能检测出嵌入基因表达数据矩阵的高质量生物关联子组。在 CoSync 算法中，基因表达数据矩阵被视为一个动态系统。基因表达数据矩阵中的每个元素都与来自基因和条件两侧的元素进行交互同步。模拟实验证实了 CoSync 算法可以发现嵌入基因表达数据矩阵的高质量协同聚类结构。

2017 年，Hang 等[69]借用引力运动学和中心力优化方法，提出了 G-Sync（Gravitational Synchronization Clustering，引力同步聚类）算法。G-Sync 算法把每个对象都视为一个探测器，模拟对象在引力场中的部分同步现象和动态交互行为。在同步过程中，相似的对象自然地进入部分同步，形成不同的聚类。G-Sync 算法能自动确定聚类数目，利用 Davies-Bouldin 指数，可以确定不同大小、形状和密度的聚类簇。理论分析和仿真实验证实了 G-Sync 算法的效果。

对于线性或非线性耦合的非恒等系统，Qin 等[70]研究了一些交互聚类簇的组同步问题。线性系统在有向拓扑框架中是线性耦合的，非线性系统在无向拓扑框架中是非线性耦合的。基于 Lyapunov 函数，给出了保证组同步的充分条件，并提供了严谨的分析结果。

在 Böhm 等[19]的工作和 Vicsek 模型的启发下，Chen[71]找到了另外一种更为有效的同步聚类模型——Vicsek 模型的线性版本，在将 Vicsek 模型的线性版本应用到聚类中后，发表了基于该模型的 ESynC（Effective Synchronization Clustering，有效的同步聚类）算法[71]。仿真实验表明，Vicsek 模型的线性版本是一种有效的同步聚类模型。与 SynC 算法相比，ESynC 算法不仅可以获得更好的局部同步效果，而且花费的迭代次数和时间更少。将多维网格划分法与红黑树（Red Black Tree）结构结合，还可以实现一种时间复杂度得到改进的 IESynC（Improved Effective Synchronization Clustering，改进的有效同步聚类）算法。

在 Böhm 等[19]、R 树结构和基于网格的索引算法的基础上，Chen[72]提出了基于三种空间索引结构的 FSynC（Fast Synchronization Clustering，快速同步聚类）算法。FSynC 算法使用 R 树结构或多维网格划分法与红黑树结构结合的方法来加快迭代同步演化中的近邻点集构造，它的两种参数型实现方法在某些情况下可得到 $O(dn\log n)$的时间代价，d 表示数据的维度，n 表示数据的数目。

对于演化的数据流，Shao 等[73]提出了一种基于同步的 SyncTree 算法来维持不同粒度层次上所有微聚类的局部聚类簇结构，并尝试分析聚类簇的演化。SyncTree 算法并不使用滑动窗口或衰减函数来记录近期的数据，它以批处理方式将所有数据流汇总成同步的微聚类簇。在 SyncTree 算法中，派生的微聚类簇可以反映出内在的聚类结构，旧的微聚类簇可以通过迭代聚类汇总到更高层次上。SyncTree 算法可以发现任意两个时间戳之间数据流的聚类结构，并利用层次化的微聚类簇来分析聚类演化。

为了克服常规聚类算法无法处理主存储器中的大数据的问题，Chen 等[74]使用“划分-收集”框架和线性加权的 Vicsek 模型，提出了一种有效的 MLSynC（Multi-Level Synchronization Clustering Method，多层同步聚类方法）。与 SynC 算法、ESynC 算法和 SSynC 算法相比，MLSynC 具有不同的聚类过程。多种数据集的仿真实验验证了 MLSynC 不仅比 SynC 算法具有更好的局部同步效果，而且花费的迭代次数和时间更少。MLSynC 的聚类结果与划分后的数据子集分布有关。如果所有划分后的数据子集都与数据集具有相同或相似的分布，那么 MLSynC 可以得到相同或相似的聚类结果。

为了有效地从高维数据中获得高精度的聚类，Chen 等[75]提出了 SyncHigh（Synchronization-inspired Clustering for High-dimensional Data，面向高维数据的同步聚类）算法。SyncHigh 算法首先使用主成分分析法找到所有属性的主要成分，然后采用基于密度的数据融合策略来减少数据量，最后使用 Kuramoto 扩展模型处理上一步引起的数据质量差别。

Chen 等[76]使用多个相连微聚类融合的机制，提出了 CESynC（Combined Clustering Algorithm Based on ESynC Algorithm and a Merging Judgement Process of Micro-Clusters，基于 ESynC 算法与微聚类簇合并判断过程的组合聚类）算法。CESynC 算法首先使用 ESynC 算法检测出聚类或微聚类簇，然后通过合并判断过程来合并一些紧密相连的微聚类簇。对于一些 ESynC 算法和 SynC 算法都无法检测到正确聚类的数据集，CESynC 算法可以更好地捕捉到自然的聚类。因此，在某些类型的数据集中，CESynC 算法可以比 ESynC 算法和 SynC 算法获得更好的聚类质量。从 CESynC 算法的仿真实验比较结果来看，该算法能克服 SynC 算法和 ESynC 算法的某些不足之处，可更为广泛地应用到具有更多复杂分布特性的数据聚类中。

在聚类领域，常用的同步聚类模型有 Kuramoto 扩展模型[19]、基于 Vicsek 模型的线性版本[71]、基于第二个线性版本的 Vicsek 模型和万有引力同步模型[69]等。Kuramoto 扩展模型采用一种非线性的动态同步迭代公式来计算每个迭代步骤的新位置；基于 Vicsek 模型的线性版本采用一种线性的动态同步迭代公式来计算每个迭代步骤的新位置；基于第二个线性版本的 Vicsek 模型采用一种加权的线性同步迭代公式来计算每个迭代步骤的新位置。从文献[71, 78]的一些仿真实验中可以看出，后两种模型更适用于聚类分析。

1.5　近邻思想及同步模型在聚类分析中的应用

在数据挖掘领域，近邻思想在提高算法的时间效率方面发挥了很大的作用。

许多图聚类算法，因为需要获知并存储任意两点的相异性度量，所以其时空复杂度往往会达到 $O(n^2)$，这样的时空代价不太适用于海量数据集的聚类分析。为了改善这类算法的性能，根据由多个相邻的局部可以近似构造全局的原则，可以认为，某个空间区域内的数据集的聚类分析并非一定要在全局范围内进行任意两个数据点之间相异性度量的计算及存储。事实上，全局的聚类分析也可通过局部范围内数据点之间相异性度量的计算，进而构造出其局部拓扑结构，由多个相邻的局部拓扑结构近似推知全局范围内数据集的空间分布结构，最终得到数据集的多层次聚类分布状况描述。这个观点是某些改进型聚类算法的一个核心思想。例如，ICNNI（Improved Clustering Based on Near Neighbor Influence，改进的基于近邻势聚类）算法[77]、FSynC 算法[72]、IESynC（Improved Effective Synchronization Clustering，改进的有效同步聚类）算法[71]和 ISSynC（Improved Shrinking Synchronization Clustering，改进的收缩同步聚类）算法[78]等就是一类通过寻找并设计出合适的数据结构而得到的能改善时间代价的有效算法。

可以认为，尽管目前在基于同步模型的聚类算法方面已出现了一些研究成果，但由于其自身具有的平方时间复杂度，目前还不能推广应用到面向大数据的聚类分析中。文献[79]展示了如何通过近邻思想和方法的运用来降低聚类算法的时间代价，这种基于近邻的思想依旧可以应用到基于同步模型的聚类算法中[71]。因此，我们认为这个问题具有一定的研究意义。

1.6 空间索引结构基础

在数据挖掘领域，多维数据可以看作“大于一维空间中的一组点”[80]。多维数据的逻辑结构定义、物理存储实现及索引方法可以有多种，然而选择哪种方法依赖具体的应用和相关的运算。通常，一维数据库索引结构并不适用于多维数据的搜索。基于精确关键字匹配的 Hash 表，在近邻搜索中不是非常有效的。B 树[81-83]和其他基于顺序访问的索引方法，在多维数据空间的搜索中，也不是非常有效的。可应用于多维数据的索引方法有 Bentley[84]提出的 k 维区域树、Finkel 和 Bentley[85]提出的点四叉树等。

文献[80]将纷繁多样的空间与多维索引方法统一连贯起来，是空间索引结构领域的资深权威专著。

1.7 本书的主要内容

本书的主要内容组织如下。

第 1 章是绪论，简单介绍了本书的背景和相关知识，对聚类算法的主要技术与相关研究文献做了一定的介绍。

第 2 章基于近邻思想与最小生成树，提出了基于近邻图与单元网格图的聚类算法。

第 3 章基于近邻思想和近邻势的叠加原理，提出了基于近邻势与单元网格近邻势的聚类算法。

第 4 章利用适用于动态聚类过程的空间索引结构，提出了快速同步聚类算法的三种实现方法。

第 5 章基于 Vicsek 模型的线性版本，提出了一种更为有效的同步聚类算法。

第 6 章基于 Vicsek 模型的线性加权版本，提出了一种更为高效的收缩同步聚类算法。

第 7 章面对大数据时代的海量数据处理需求，提出了一种基于分而治之框架与收缩同步聚类算法的多层同步聚类方法。

第 8 章面对复杂不规则的数据分布，提出了一种基于 ESynC 算法与微聚类合并判断过程的组合聚类算法。

第 9 章对几种同步聚类模型进行了比较与分析。

第 10 章列出了本研究领域的几个可行的研究方向和亟待解决的问题。

第2章　基于近邻图与单元网格图的聚类算法

对毫无结构及分布特性的数据集进行聚类分析，一般没有太大的意义。聚类分析的目的是获得数据集的分布结构，进而描述那些有意义、有实际价值的数据分布结构，从而简化数据集的描述。从这个角度来说，基于图论的聚类分析是一种分析数据集空间分布结构的方法。这类方法一般从分析数据集的拓扑结构出发，不需要事先设定聚类数目，仅根据事先设定的相异性度量就可以构造出一棵层次聚类树，从而获得数据集的多层次聚类分布描述。

在多数情况下，设计出精巧、合适的数据结构可以改善解决问题所需的时空代价。例如，求图的最小生成树（Minimum Spanning Tree，MST），当使用分离集（Disjoint-Set）结构时，Kruskal 算法的时间复杂度是 $O(|E|\log|V|)$；当边有序时，使用秩合并（Union by Rank）和路径压缩（Path Compression）技术，Kruskal 算法的时间复杂度还可以降低到 $\max\{O(|E|), O(|V|\log|V|)\}$。这里的$|E|$是图中边的数目，$|V|$是图的顶点数目。如果使用 Prim 算法求图的 MST，采用数组结构的时间复杂度是 $O(|V|^2)$；采用二元最小堆（Binary Min-Heap）结构的时间复杂度是 $O(|E|\log|V|)$；采用 Fibonacci 堆结构的时间复杂度是 $O(|E|+|V|\log|V|)$[86]。显然，当要为稀疏图[满足 $O(|E|) = O(|V|)$]构造MST时，采用Kruskal 算法省时；当要为稠密图[满足 $O(|E|)=O(|V|^2)$]构造 MST 时，采用 Prim 算法的数组存储结构既简单又省时。A. C. Yao[87, 88]曾给出求 MST 的时间复杂度是 $O(|E|\log\log|V|)$的优化算法。后续的研究人员还提出了线性算法，在构造 MST 的研究之路上取得了极大的改进。

本章针对 d 维有限数值区域内分布的海量数据集，寻找并设计出与相应数据结构匹配的能改善时空复杂度的有效算法。

2.1　基本概念及性质

设数据集 $D = \{\boldsymbol{x}_1, \boldsymbol{x}_2,\cdots, \boldsymbol{x}_n\}$分布在 d 维有序属性空间$(A_1\times A_2\times\cdots\times A_d)$的某个区域内。为了更好地描述算法，先给出一些基本概念及性质。

定义 2-1　点 $\boldsymbol{x}$ 的 δ 近邻点集 $N_\delta(\boldsymbol{x})$定义为

$$N_\delta(\boldsymbol{x}) = \{\boldsymbol{y} \mid 0 < \operatorname{dist}(\boldsymbol{x}, \boldsymbol{y})\leqslant\delta, \boldsymbol{y} \neq \boldsymbol{x}, \boldsymbol{y} \in D\} \tag{2-1}$$

式中，$\operatorname{dist}(\boldsymbol{x}, \boldsymbol{y})$为数据集 D 中的点 $\boldsymbol{x}$ 和点 $\boldsymbol{y}$ 的距离相异性度量。

定义 2-1 的实质意义：$N_\delta(\boldsymbol{x})$是从数据集 $D = \{\boldsymbol{x}_1, \boldsymbol{x}_2,\cdots, \boldsymbol{x}_n\}$中选取的与点 $\boldsymbol{x}$ 相距不超过 δ 的其他点所构成的集合。

定义 2-2　点 $\boldsymbol{x}$ 的 k-δ 近邻点集 $N_{k\text{-}\delta}(\boldsymbol{x})$定义为

$$N_{k\text{-}\delta}(\boldsymbol{x}) = \begin{cases} N_\delta(\boldsymbol{x}) & |N_\delta(\boldsymbol{x})| \leqslant k \\ \{\boldsymbol{y}_i \mid \underset{\boldsymbol{y}_i\in N_\delta(\boldsymbol{x})}{\operatorname{argmin}} \sum_{i=1}^{k} \operatorname{dist}(\boldsymbol{x}, \boldsymbol{y}_i) & |N_\delta(\boldsymbol{x})| > k \end{cases} \tag{2-2}$$

定义 2-2 的实质意义：$N_{k\text{-}\delta}(\boldsymbol{x})$是从 $N_\delta(\boldsymbol{x})$中选取的与点 $\boldsymbol{x}$ 相距最近的 $r\,(0\leqslant r\leqslant k)$个点所构成的集合。若$|N_\delta(\boldsymbol{x})|\leqslant k$，则 $N_{k\text{-}\delta}(\boldsymbol{x})$取 $N_\delta(\boldsymbol{x})$；若$|N_\delta(\boldsymbol{x})| > k$，则 $N_{k\text{-}\delta}(\boldsymbol{x})$取 $N_\delta(\boldsymbol{x})$中距点 $\boldsymbol{x}$ 最近的 k 个点。

定义 $N_{k\text{-}\delta}(\boldsymbol{x})$的意义：点 $\boldsymbol{x}$ 采用 δ 邻域内最多 k 个点来近似记录该点在空间中的近邻分布状况。若对数据集 D 的每个点都做如此近似处理，则可获得数据集 D 的一个空间分布状况的近似描述。

定义 2-2 在地理位置搜索中很有应用价值。例如，通过 GPS 来搜索 $\delta =$ 3km 范围内最近的 $k = 3$ 家饭店，就需要计算并显示当前位置 $\boldsymbol{x}$ 的 $N_{k\text{-}\delta}(\boldsymbol{x})$。

定义 2-3　数据集 D 的 δ 近邻无向图 $G_\delta(D)$定义为

$$G_\delta(D) = (D, E) \tag{2-3}$$

式中，D 为顶点集；$E = \{(\boldsymbol{x}_i, \boldsymbol{x}_j) \mid \boldsymbol{x}_j \in N_\delta(\boldsymbol{x}_i), \boldsymbol{x}_i\ (i = 1, 2,\cdots, n) \in V\}$为边集，边$(\boldsymbol{x}_i, \boldsymbol{x}_j)$的权重计算公式为 $w(\boldsymbol{x}_i, \boldsymbol{x}_j) = \operatorname{dist}(\boldsymbol{x}_i, \boldsymbol{x}_j)$。

在 $G_\delta(D)$中，根据点 $\boldsymbol{x}_i\,(i = 1, 2,\cdots, n)$的 δ 近邻点集 $N_\delta(\boldsymbol{x}_i)$定义，$(\boldsymbol{x}_i, \boldsymbol{x}_j) \in E$ 意味着$(\boldsymbol{x}_j, \boldsymbol{x}_i) \in E$。

定义 2-4　数据集 D 的 k-δ 近邻无向图 $G_{k\text{-}\delta}(D)$定义为

$$G_{k\text{-}\delta}(D) = (D, E) \tag{2-4}$$

在 $G_{k\text{-}\delta}(D)$中，根据点 $\boldsymbol{x}_i\,(i=1, 2,\cdots, n)$的 $k\text{-}\delta$ 近邻点集 $N_{k\text{-}\delta}(\boldsymbol{x}_i)$定义，$(\boldsymbol{x}_i, \boldsymbol{x}_j) \in E$ 并不意味着$(\boldsymbol{x}_j, \boldsymbol{x}_i) \in E$。

根据定义 2-1，通过为点 $\boldsymbol{x}_i\,(i = 1, 2,\cdots, n)$ 构造 $N_\delta(\boldsymbol{x}_i)$，可以构造 $G_\delta(D)$。根据定义 2-2，通过为点 $\boldsymbol{x}_i\,(i = 1, 2,\cdots, n)$ 构造 $N_{k\text{-}\delta}(\boldsymbol{x}_i)$，可以构造 $G_{k\text{-}\delta}(D)$。这里，可以采用邻接表结构来存储 $N_\delta(\boldsymbol{x}_i)$和 $N_{k\text{-}\delta}(\boldsymbol{x}_i)$。

定义 2-5　非连通的无向图 $G(D)$的最小生成森林（Minimum Spanning Forest，MSF）$\mathrm{MSF}(D)$定义为：假设 $G(D)$含有 $K\,(1 < K \leqslant n)$个连通子图，由于每个连通子图都有一棵 MST，因此这 K 个连通子图的 K 棵 MST 就组成了该图的 MSF。

定义 2-6　非连通的 δ 近邻无向图 $G_\delta(D)$的 δ 近邻最小生成森林 $\mathrm{MSF}_\delta(D)$定义为：假设 $G_\delta(D)$含有 $K\,(1 < K \leqslant n)$个连通子图，由于每个连通子图都有一棵 MST，因此这 K 个连通子图的 K 棵 MST 就组成了该图的 MSF。

定义 2-7　非连通的 $k\text{-}\delta$ 近邻无向图 $G_{k\text{-}\delta}(D)$的 $k\text{-}\delta$ 近邻最小生成森林 $\mathrm{MSF}_{k\text{-}\delta}(D)$定义为：假设 $G_{k\text{-}\delta}(D)$含有 $K\,(1 < K \leqslant n)$个连通子图，由于每个连通子图都有一棵 MST，因此这 K 个连通子图的 K 棵 MST 就组成了该图的 MSF。

定义 2-8　δ 近邻最小生成森林 $\mathrm{MSF}_\delta(D)$的最小连通支架图（Minimum Connecting Bracket Graph，MCBG）$\mathrm{MCBG}_\delta(D)$定义为：假设 $\mathrm{MSF}_\delta(D)$含有 $K\,(1 < K \leqslant n)$棵分离的生成子树，$S_i\,(i = 1, 2,\cdots, K)$是第 i 棵生成子树的顶点集。显然，$D=\sum_{i=1}^{K} S_i$。首先，定义一个特殊集合$\$ = \{S_1, S_2,\cdots, S_K\}$。然后，从 $\mathrm{MSF}_\delta(D)$中构造 $G_D = G(\mathrm{MSF}_\delta(D)) = (D, E)$，$D = \{\boldsymbol{x}_1, \boldsymbol{x}_2,\cdots, \boldsymbol{x}_n\}$为顶点集，$E = \{(u, v) \mid (u, v) = \underset{(u\in S_i, v\in S_j)}{\arg\min}\, w(u,v),\ S_i \neq S_j,\ S_i, S_j \in \$\}$为边集，该边集由$(K\,(K-1)\,/\,2)$条连接 $\mathrm{MSF}_\delta(D)$中任意两棵分离的生成子树的最近点对组成。可见，G_D是由 $\mathrm{MSF}_\delta(D)$中任意两棵分离的生成子树的最近点对连接而成的图。接着，从 G_D中构造一个特殊的无向图 $G_\$ = G(G_D) = (\$, E)$，$\$ = \{S_1, S_2,\cdots, S_K\}$为顶点集，$E = \{(S_i, S_j) \mid S_i \neq S_j,\ S_i, S_j \in \$\}$为边集，边$(S_i, S_j)$的权重计算公式为 $w(S_i, S_j) = \min\limits_{u\in S_i, v\in S_j} w(u,v)$。最后，我们可以使用 Kruskal 算法从 G_D 中构造一个特殊的最小生成森林

$\mathrm{MSF}(G_D)$，或者使用 Prim 算法从 $G_\$$中构造一棵特殊的最小生成树 $\mathrm{MST}(G_\$)$。事实上，$\mathrm{MSF}(G_D)$也可以从 $\mathrm{MST}(G_\$)$中构造。$G_\$$的任意 $\mathrm{MST}(G_\$)$的所有边之和都相等。$\mathrm{MSF}(G_D)$由 n 个顶点和连接 K 棵分离的生成子树的$(K-1)$条边组成，特称为 $\mathrm{MSF}_\delta(D)$的 $\mathrm{MCBG}_\delta(D)$。

定义 2-9　k-δ 近邻最小生成森林 $\mathrm{MSF}_{k\text{-}\delta}(D)$的最小连通支架图 $\mathrm{MCBG}_{k\text{-}\delta}(D)$定义为：假设 $\mathrm{MSF}_{k\text{-}\delta}(D)$含有 K $(1 < K \leqslant n)$棵分离的生成子树，S_i $(i = 1, 2,\cdots, K)$是第 i 棵生成子树的顶点集。显然，$D=\sum_{i=1}^{K}S_i$。首先，定义一个特殊集合$\$ = \{S_1, S_2,\cdots, S_K\}$。然后，从 $\mathrm{MSF}_{k\text{-}\delta}(D)$中构造 $G_D = G(\mathrm{MSF}_{k\text{-}\delta}(D)) = (D, E)$，$D = \{\boldsymbol{x}_1, \boldsymbol{x}_2,\cdots, \boldsymbol{x}_n\}$为顶点集，$E = \{(u, v) \mid (u, v) = \underset{(u\in S_i, v\in S_j)}{\arg\min}\, w(u,v),\ S_i \neq S_j,\ S_i, S_j \in \$\}$为边集，该边集由$(K(K-1)/2)$条连接 $\mathrm{MSF}_{k\text{-}\delta}(D)$中任意两棵分离的生成子树的最近点对组成。可见，$G_D$ 是由 $\mathrm{MSF}_{k\text{-}\delta}(D)$中任意两棵分离的生成子树的最近点对连接而成的图。接着，从 G_D 中构造一个特殊的无向图 $G_\$ = G(G_D) = (\$, E)$，$\$ = \{S_1, S_2,\cdots, S_K\}$为顶点集，$E = \{(S_i, S_j) \mid S_i \neq S_j, S_i, S_j \in \$\}$为边集，边$(S_i, S_j)$的权重计算公式为 $w(S_i, S_j) = \min\limits_{u\in S_i, v\in S_j} w(u,v)$。最后，我们可以使用 Kruskal 算法从 G_D 中构造一个特殊的最小生成森林 $\mathrm{MSF}(G_D)$，或者使用 Prim 算法从 $G_\$$中构造一棵特殊的最小生成树 $\mathrm{MST}(G_\$)$。事实上，$\mathrm{MSF}(G_D)$也可以从 $\mathrm{MST}(G_\$)$中构造。$G_\$$的任意 $\mathrm{MST}(G_\$)$的所有边之和都相等。$\mathrm{MSF}(G_D)$由 n 个顶点和连接 K 棵分离的生成子树的$(K-1)$条边组成，特称为 $\mathrm{MSF}_{k\text{-}\delta}(D)$的 $\mathrm{MCBG}_{k\text{-}\delta}(D)$。

定义 2-10　数据集 D 的 δ 近邻最小生成支架树（Minimum Spanning Bracket Tree，MSBT）$\mathrm{MSBT}_\delta(D)$定义为

$$\mathrm{MSBT}_\delta(D) = \mathrm{MSF}_\delta(D) + \mathrm{MCBG}_\delta(D) \tag{2-5}$$

数据集 D 的 k-δ 近邻最小生成支架树 $\mathrm{MSBT}_{k\text{-}\delta}(D)$定义为

$$\mathrm{MSBT}_{k\text{-}\delta}(D) = \mathrm{MSF}_{k\text{-}\delta}(D) + \mathrm{MCBG}_{k\text{-}\delta}(D) \tag{2-6}$$

在式（2-5）中，根据定义 2-6 构造 $\mathrm{MSF}_\delta(D)$，根据定义 2-8 构造 $\mathrm{MCBG}_\delta(D)$；在式（2-6）中，根据定义 2-7 构造 $\mathrm{MSF}_{k\text{-}\delta}(D)$，根据定义 2-9 构造 $\mathrm{MCBG}_{k\text{-}\delta}(D)$。最终，通过融合 $\mathrm{MSF}_\delta(D)$与 $\mathrm{MCBG}_\delta(D)$的 $\mathrm{MSBT}_\delta(D)$，以及 $\mathrm{MSF}_{k\text{-}\delta}(D)$与 $\mathrm{MCBG}_{k\text{-}\delta}(D)$的 $\mathrm{MSBT}_{k\text{-}\delta}(D)$，可以看作数据集 $D = \{\boldsymbol{x}_1, \boldsymbol{x}_2,\cdots, \boldsymbol{x}_n\}$的特殊 MST。

定义 2-11 单元网格的定义为：某个有限数值区域中分布的数据集经过多维网格划分后得到许多基本的规则区域。若某个单元网格所包含的数据点数目超过某个阈值 ε，则被称为有效单元网格。

单元网格的数据结构定义为

$$\mathrm{DS}(g) = (\mathrm{Grid\_Label}, \mathrm{Grid\_Position}, \mathrm{Grid\_Range}, \mathrm{Point\_Number}, \mathrm{Points\_Set}) \tag{2-7}$$

式中，Grid_Label 用于记录单元网格的标号；Grid_Position 用于记录单元网格的中心位置，它为 d 维向量，即 $\boldsymbol{p} = (p_1, p_2,\cdots, p_d)$；Grid_Range 用于记录单元网格所包含的区域范围，它为 m 维的有序局部区间，即

$$R = [(p_1-r_1/2, p_1+r_1/2),\cdots, (p_d - r_d/2, p_d+r_d/2)] \tag{2-8}$$

$r_i\,(i=1, 2,\cdots, d)$为单元网格在第 i 维上的区间长度；Point_Number 用于记录单元网格所包含的数据点数目；Points_Set 用于记录单元网格所包含的数据点标号。

这样，原来对 n 个数据点的聚类分析就可以近似转换为 N 个单元网格的空间拓扑结构分析。

定义 2-12 在 N 个单元网格的集合 $\mathrm{Grid}(D) = \{g_1, g_2,\cdots, g_N\}$中，单元网格 $g_i\,(i = 1, 2,\cdots, N)$的 δ 近邻单元网格集 $N_\delta(g_i)$定义为

$$N_\delta(g_i) = \{g_j \mid (\exists \boldsymbol{p})(\exists \boldsymbol{q})(0 < \mathrm{dist}(\boldsymbol{p}, \boldsymbol{q}) \leqslant \delta), \boldsymbol{p} \in g_i, \boldsymbol{q} \in g_j, g_j \in \mathrm{Grid}(D), g_j \neq g_i\} \tag{2-9}$$

式中，$\boldsymbol{p}$ 是单元网格 g_i 中的数据点；$\boldsymbol{q}$ 是单元网格 g_j 中的数据点。

定义 2-13 数据集 D 的层次聚类树（Level Cluster Tree，LCT）LCT(D)定义为：首先基于距离相异性度量从数据集 D 中构造一个无向完全图 $G(D)$，然后采用 Prim 算法为 $G(D)$构造一棵最小生成树 MST(D)，接着对 MST(D)的边权重进行降序排列，最后通过选择不同大小的边权重逐步分裂降序排列后的 MST(D)，可得到一个具有 $l\,(2\leqslant l\leqslant n)$个分离集的序列$(S_0, S_1,\cdots, S_{l-1})$。

l 个分离集具体表示如下：

```
S0 = {D}              /* D = {x1, x2, ..., xn} */
S1 = {S11, ...}       /* D = S11 ∪ ... */
S2 = {S21, ...}       /* D = S21 ∪ ... */
......
```

$S_{l-1} = \{S_{(l-1)1}, S_{(l-1)2}, \cdots, S_{(l-1)n}\}$ /* $D = S_{(l-1)1} \cup S_{(l-1)2} \cup \cdots \cup S_{(l-1)n}$，其中，每个 $S_{(l-1)i}$ $(i = 1,2,\cdots,n)$ 都只包含数据集 D 的一个数据点*/

因为每个分离集都对应数据集 D 的一个聚类层次，所以分离集序列(S_0, S_1,⋯, S_{l-1})就很自然地形成一棵 l 层的层次聚类树 LCT(D)。

性质 2-1　如果从数据集 D 中构造的 δ 近邻无向图 $G_\delta(D)$［或 k-δ 近邻无向图 $G_{k\text{-}\delta}(D)$］是一个连通图，那么使用 Kruskal 算法可以获得一棵或多棵具有相同边权重和的 MST。如果 δ 近邻无向图 $G_\delta(D)$［或 k-δ 近邻无向图 $G_{k\text{-}\delta}(D)$］是一个具有 K $(1 < K \leqslant n)$个连通子图的非连通图，那么使用 Kruskal 算法可以获得一个或多个具有相同边权重和的 MSF。根据定义 2-8 为 $\text{MSF}_\delta(D)$构造 $\text{MCBG}_\delta(D)$，或者根据定义 2-9 为 $\text{MSF}_{k\text{-}\delta}(D)$构造 $\text{MCBG}_{k\text{-}\delta}(D)$。根据定义 2-10 的式（2-5）构造 $\text{MSBT}_\delta(D) = \text{MSF}_\delta(D) + \text{MCBG}_\delta(D)$，或者根据定义 2-10 的式（2-6）构造 $\text{MSBT}_{k\text{-}\delta}(D) = \text{MSF}_{k\text{-}\delta}(D) + \text{MCBG}_{k\text{-}\delta}(D)$。$\text{MSBT}_\delta(D)$［或 $\text{MSBT}_{k\text{-}\delta}(D)$］与从数据集 D 的无向完全图中构造的任一 MST 的$(n-1)$条边的权重和必定相等。

证明：如果 δ 近邻无向图 $G_\delta(D)$［或 k-δ 近邻无向图 $G_{k\text{-}\delta}(D)$］是一个连通图，那么根据 MST 的定义及构造过程，$G_\delta(D)$［或 $G_{k\text{-}\delta}(D)$］的 MST 与从数据集 D 的无向完全图中构造的任一 MST 的$(n-1)$条边的权重和都相等。

如果 δ 近邻无向图 $G_\delta(D)$［或 k-δ 近邻无向图 $G_{k\text{-}\delta}(D)$］是一个具有 K $(1 < K \leqslant n)$个连通子图的非连通图，那么根据 MCBG 的定义及构造过程，$\text{MCBG}_\delta(D)$［或 $\text{MCBG}_{k\text{-}\delta}(D)$］的每条边都是连接两个分离的连通子图的最短边。在连接 $G_\delta(D)$［或 $G_{k\text{-}\delta}(D)$］的 K 个连通子图的所有$(K-1)$条边中，$\text{MCBG}_\delta(D)$［或 $\text{MCBG}_{k\text{-}\delta}(D)$］的$(K-1)$条边之和是最小的。所以，$\text{MSBT}_\delta(D)$［或 $\text{MSBT}_{k\text{-}\delta}(D)$］与从数据集 D 的无向完全图中构造的任一 MST 的$(n-1)$条边的权重和必定相等。

性质 2-2　从数据集 D 中或许可以构造多棵 MST，但所有 MST 都具有唯一的层次聚类树 LCT(D)。

证明：如果从数据集 D 中可以构造多棵 MST，那么根据 MST 的定义，这些 MST 的$(n-1)$条边的权重和都相等。根据 LCT 的定义及构造过程，这些 MST 具有唯一的 LCT。下面给出解释性证明。

假设 MST_a 和 MST_b 是从数据集 D 中构造的两棵 MST，MST_a 和 MST_b 的

边权重降序排列为 $w_{a1} \geqslant w_{a2} \geqslant \cdots \geqslant w_{a(n-1)}$和 $w_{b1} \geqslant w_{b2} \geqslant \cdots \geqslant w_{b(n-1)}$。根据 MST 的定义，有 $\sum_{i=1}^{n-1} w_{ai} = \sum_{i=1}^{n-1} w_{bi}$ 。根据 Kruskal 算法，有 $w_{ai} = w_{bi}\ (i = 1, 2, \cdots, n-1)$。根据 LCT 的定义，从 MST 的边权重的降序排列中逐一选择每个不同的边长，逐步断开分解该 MST，最终得到的 LCT 完全一致。

2.2 基于近邻图的聚类算法

MST 可以用来描述数据集的空间分布结构。尽管一个图的 MST 可能有多棵，但根据图中边权重而构造的 LCT 是相同的。基于某种相异性度量，构造数据集 $D = \{\boldsymbol{x}_1, \boldsymbol{x}_2, \cdots, \boldsymbol{x}_n\}$的无向全连通图的一棵 MST，进而可得到数据集的一棵 LCT，从而获得数据集的一个聚类分布状况描述，这是利用图论方法进行聚类分析的很自然、很直观的想法。但这种方法若不做任何改进，则构造 MST 时，使用 Prim 算法需要的时间代价为 $O(mn^2)$，空间代价为 $O(n^2)$；使用 Kruskal 算法需要的时间代价为 $O(mn^2\log n)$，空间代价为 $O(n^2)$。

为提高算法效率并体现以局部来描述全局的原则，下面给出利用近邻图的思想来构造 LCT 的方法[79]，称为基于近邻图的聚类（Clustering Based on a Near Neighbor Graph，CNNG）算法。

2.2.1 CNNG 算法示例

为了快速理解 CNNG 算法的思想，图 2-1 给出了一个示例来展示其过程。

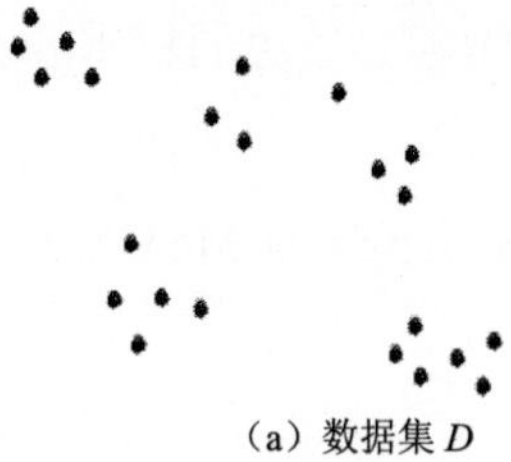

（a）数据集 D

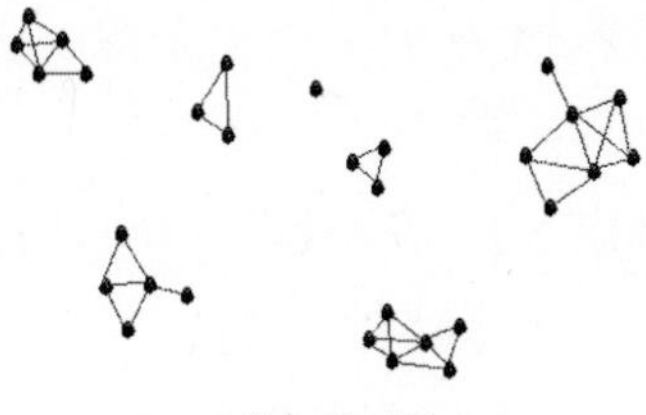

（b）$G_{k\text{-}\delta}(D)$

图 2-1 CNNG 算法过程

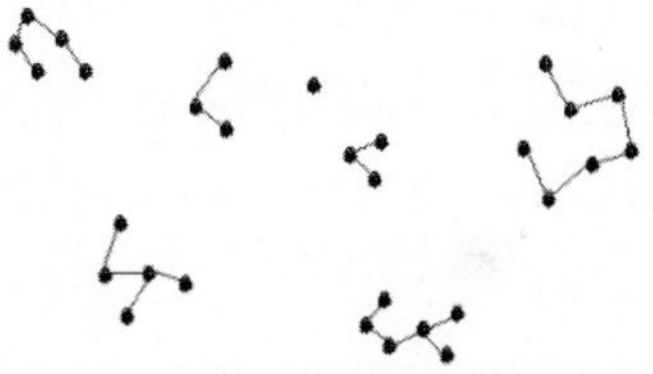

（c）$\mathrm{MSF}_{k\text{-}\delta}(D)$

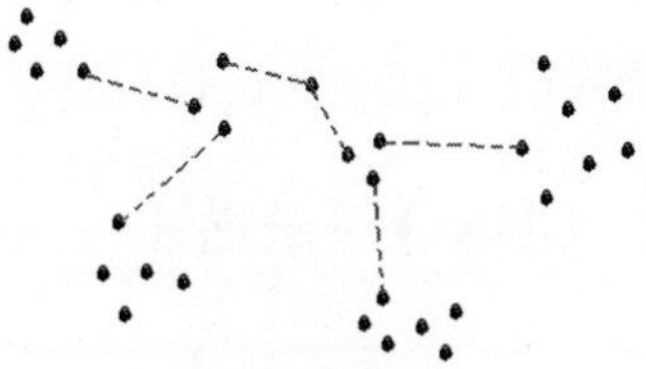

（d）$\mathrm{MCBG}_{k\text{-}\delta}(D)$

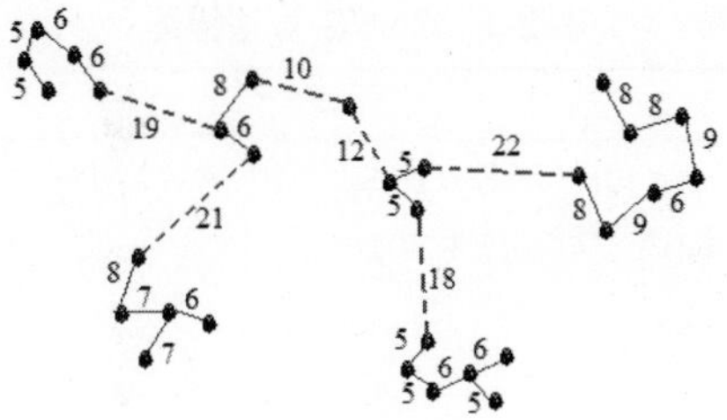

（e）$\mathrm{MSBT}_{k\text{-}\delta}(D)$

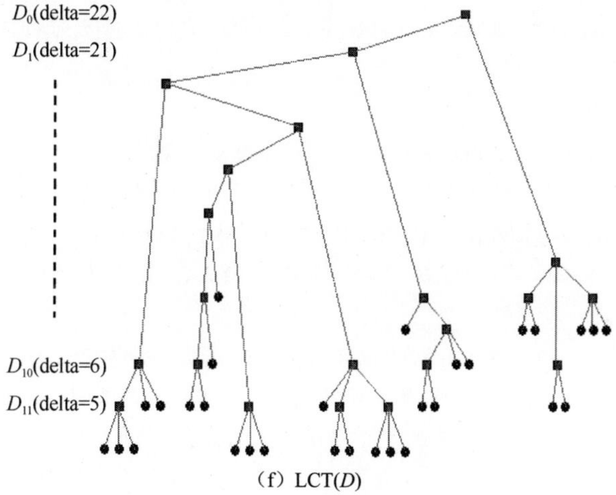

（f）LCT(*D*)

图 2-1　CNNG 算法过程（续）

在图 2-1 中，$k>5$，$\delta=9$，大于或等于 $G_{k\text{-}\delta}(D)$中的最长边，小于 $\mathrm{MCBG}_{k\text{-}\delta}(D)$的最短边。图 2-1（a）是含有 30 个二维数据点的数据集 D，图 2-1（b）是数据集 D 的 k-δ 近邻无向图 $G_{k\text{-}\delta}(D)$，图 2-1（c）是 $G_{k\text{-}\delta}(D)$的 k-δ 近邻最小生成森林 $\mathrm{MSF}_{k\text{-}\delta}(D)$，图 2-1（d）是 $\mathrm{MSF}_{k\text{-}\delta}(D)$的最小连通支架图 $\mathrm{MCBG}_{k\text{-}\delta}(D)$，图 2-1（e）是数据集 D 的 k-δ 近邻最小生成支架树 $\mathrm{MSBT}_{k\text{-}\delta}(D) = \mathrm{MSF}_{k\text{-}\delta}(D) + \mathrm{MCBG}_{k\text{-}\delta}(D)$，图 2-1（f）是 $\mathrm{MSBT}_{k\text{-}\delta}(D)$的层次聚类树 LCT($D$)。在图 2-1（f）中，

$(D_0, D_1, D_2, \cdots, D_{11})$是 12 个分离集组成的一个序列，delta 是切割 $\mathrm{MSBT}_{k\text{-}\delta}(D)$的阈值参数。

2.2.2 CNNG 算法描述

CNNG 算法描述如表 2-1 所示。

表 2-1 CNNG 算法描述

算法 2-1：CNNG 算法

输入：数据集 $D = \{\boldsymbol{x}_1, \boldsymbol{x}_2, \cdots, \boldsymbol{x}_n\}$，距离相异性度量 dist(·, ·)，参数 k 和 δ。

输出：数据集 $D = \{\boldsymbol{x}_1, \boldsymbol{x}_2, \cdots, \boldsymbol{x}_n\}$的一棵层次聚类树 LCT($D$)。

过程：Procedure CNNG(D, ε, δ)

1: **for** $i = 1, 2, \cdots, n$ **do**

2: 根据定义 2-2，构造点 $\boldsymbol{x}_i$ $(i = 1, 2, \cdots, n)$的 k-δ 近邻点集 $N_{k\text{-}\delta}(\boldsymbol{x}_i)$；

3: 根据定义 2-4，定义 $E = \{(\boldsymbol{x}_i, \boldsymbol{x}_j) \mid \boldsymbol{x}_j \in N_{k\text{-}\delta}(\boldsymbol{x}_i), \boldsymbol{x}_i\ (i = 1, 2, \cdots, n) \in D\}$，其中边$(\boldsymbol{x}_i, \boldsymbol{x}_j)$的权重 $w(\boldsymbol{x}_i, \boldsymbol{x}_j)$取其距离相异性度量，即 $w(\boldsymbol{x}_i, \boldsymbol{x}_j) = \mathrm{dist}(\boldsymbol{x}_i, \boldsymbol{x}_j)$。此时可构造一个 k-δ 近邻无向图 $G_{k\text{-}\delta}(D) = (D, E)$；

4: **end for**

5: **if** $G_{k\text{-}\delta}(D)$是连通的 **then**

6: 采用 Kruskal 算法构造 $G_{k\text{-}\delta}(D)$的一棵最小生成树 $\mathrm{MST}_{k\text{-}\delta}(D)$；

7: **else if** $G_{k\text{-}\delta}(D)$是由多个分离的连通子图组成的 **then**

8: 采用 Kruskal 算法构造 $G_{k\text{-}\delta}(D)$的一个最小生成森林 $\mathrm{MSF}_{k\text{-}\delta}(D)$；

9: 根据定义 2-9，在 $\mathrm{MSF}_{k\text{-}\delta}(D)$的基础上构造一个连通这些分离的生成子树的最小连通支架图 $\mathrm{MCBG}_{k\text{-}\delta}(D)$；

10: 根据定义 2-10，把最小生成森林 $\mathrm{MSF}_{k\text{-}\delta}(D)$和最小连通支架图 $\mathrm{MCBG}_{k\text{-}\delta}(D)$相加之后定义为一棵最小生成支架树 $\mathrm{MSBT}_{k\text{-}\delta}(D) = \mathrm{MSF}_{k\text{-}\delta}(D) + \mathrm{MCBG}_{k\text{-}\delta}(D)$；/* $\mathrm{MSBT}_{k\text{-}\delta}(D)$可看作非连通图 $G_{k\text{-}\delta}(D)$的一棵特殊 MST */

11: **end if**

12: 参照定义 2-12，对 $\mathrm{MSBT}_{k\text{-}\delta}(D)$的边权重进行降序排列；

13: 通过选择不同大小的边权重逐步分裂降序排列后的 $\mathrm{MSBT}_{k\text{-}\delta}(D)$，最终可得到一个具有 l $(2 \leqslant l \leqslant n)$个分离集的序列$(S_0, S_1, S_2, \cdots, S_{l-1})$，该序列就很自然地形成一棵 l 层的层次聚类树 LCT(D)。/* LCT(D)可以获得数据集的一个空间分布状况描述*/

2.2.3 CNNG 算法的复杂度分析

在算法 2-1 的过程 1～4 中，若采用简单的方法构造 k-δ 近邻点集，则需要的时间代价为 $O(kmn^2)$，空间代价为 $O(n^2)$。若采用适当的数据结构及改进技巧，则可以提高构造 $k\text{-}\delta$ 近邻点集的效率，具体的讨论见 2.2.4 节。

在过程 6～8 中，由于 $G_{k\text{-}\delta}(D)$的边数不超过 $O(kn)$，若取 $k \leqslant n^{1/2}$，则边数不超过 $O(n^{3/2})$，所以当要构造 $G_{k\text{-}\delta}(D)$的 MST 或 MSF 时，采用 Kruskal 算法比较合适。

在过程 9 中，采用简单的全搜索方法从 $\mathrm{MSF}_{k\text{-}\delta}(D)$中构造定义 2-9 中的 $G_D = G(\mathrm{MSF}_{k\text{-}\delta}(D)) = (D, E)$，设 $\mathrm{MSF}_{k\text{-}\delta}(D)$的 K 棵分离的生成子树的节点子集为 $D=\sum_{i=1}^{K} S_i$，则找出 $\mathrm{MSF}_{k\text{-}\delta}(D)$中的连通子图 S_i 与 S_j 的最短边 $(u,v) = \underset{(u \in S_i, v \in S_j)}{\operatorname{argmin}} w(u,v)$ 需要的时间代价为 $O(d|S_i||S_j|)$，那么构造 G_D 需要的时间代价为 $O\left(d\sum_{i \neq j}\left(|S_i||S_j|\right)\right)$。在定义 2-9 中，从 G_D 中使用 Kruskal 算法构造一个特殊的 MSF，需要的时间代价为 $O(K^3)$；从 $G_\$ = (\$, E)$中使用 Prim 算法构造一棵特殊的 MST，需要的时间代价为 $O(dK^2)$。由于一般能满足 $O(dK^2) + O\left(d\sum_{i \neq j}\left(|S_i||S_j|\right)\right) < O(mn^2)$，所以这种方法的时间代价比从数据集 $D = \{\boldsymbol{x}_1, \boldsymbol{x}_2, \cdots, \boldsymbol{x}_n\}$的完全连通图中构造 MST 的时间代价要低。

在过程 10 中，时间代价为 $\Omega(n)$。

在过程 12 中，可以采用平均时间代价为 $O(n\log n)$的快速排序算法。

在过程 13 中，时间代价为 $\Omega(n)$。

2.2.4　CNNG 算法的改进

在 CNNG 算法 2-1 的过程 1～4 中，如果定义合适的数据结构，采用一些改进技术，那么可以降低构造 $N_{k\text{-}\delta}(\boldsymbol{x}_i)$ $(i = 1, 2, \cdots, n)$的时间代价。具体的改进技术讨论及仿真实验比较，参见 1.5 节或文献[79]。

2.3　基于单元网格图的聚类算法

如果数据集在许多区域中分布非常密集，数据点数目也非常多，则可采用多维网格划分法来统计具有一定数据点数目的单元网格，从而将在数据点层次上的聚类分析转换为有效单元网格层次上的空间结构分布分析，这样可以提高算法的效率。以单元网格的数据点数目来描述该单元网格，以一个单元网格代替某个小区域的“数据点”，将其作为一个小整体进行聚类分析，类似密度聚类算法，它是一种单元网格层次的近似聚类分析方法，称为基于单元网格图的聚类（Clustering Based on a Grid Cell Graph，CGCG）算法。

根据定义 2-11 和定义 2-12，可以给出在单元网格层次上的聚类分析所需的预处理步骤。

2.3.1 CGCG 算法的预处理

CGCG 算法的预处理步骤描述如表 2-2 所示。

表 2-2　CGCG 算法的预处理步骤描述

算法 2-2：CGCG 算法的预处理步骤（有效单元网格的数据结构定义、存储及索引结构的建立）
输入：数据集 $D=\{\boldsymbol{x}_1, \boldsymbol{x}_2,\cdots, \boldsymbol{x}_n\}$，$d$ 维划分区间间隔向量 $\boldsymbol{I}_{\text{interval}}=(r_1, r_2,\cdots, r_d)$，判定为有效单元网格的数据点数目阈值 ε。
输出：N^*个有效单元网格的集合 $\text{EGrid}(D)=\{g_1, g_2,\cdots, g_{N^*}\}$。
过程：Procedure CGCG_Prepro(D, $\boldsymbol{I}_{\text{interval}}$, ε)
1:　初始化有效单元网格的数目为 0，即 $n_{\text{EGrid}}\leftarrow 0$；
2:　根据 $\boldsymbol{I}_{\text{interval}}$，采用多维网格划分法对 d 维有限区域空间进行空间划分（设单元网格的数目为 N）；
3:　数据集 D 中的每个数据点都被分配到各单元网格中；
4:　依次统计每个单元网格内的数据点数目，若大于设定的阈值 ε，则进行 n_{EGrid}++操作，该单元网格被设定为有效单元网格，并根据定义 2-11 存储其必要的数据结构信息；
5:　有效单元网格集合可以通过一个多维数组来存储，也可以通过建立一棵多维索引树来提高其检索效率；
6:　最终可以获得 N^* $(0\leqslant N^*\leqslant N)$个有效单元网格。

注：在算法 2-2 中，$\boldsymbol{I}_{\text{interval}}=(r_1, r_2,\cdots, r_d)$和 ε 的设置原则为 $\boldsymbol{I}_{\text{interval}}$ 经常基于时间和空间的平衡进行设置；ε 基于数据集的领域知识进行设置。

2.3.2 CGCG 算法预处理步骤的复杂度分析

在算法 2-2 的过程 1 中，时间代价为 $O(1)$。

在过程 2～4 中，采用简单的数据点到单元网格的逐一分配方法，需要的时间代价为 $O(dnN)$，空间代价为 $O(n+N)$。

在过程 5 和 6 中，对于高维数据集，如果采用多维数组来存储有效单元网格集合，则建立有效单元网格并存储其必要的数据结构信息需要的时间代

价为 $\Theta(dn)$，空间代价为 $\Theta(n+N^*)$。对于中低维数据集，可以采用空间换时间的策略。假设 l_j 是第 j 维的区间数目，定义 $L_i=\prod_{j=1}^{i} l_j$ 和 $L=\sum_{i=1}^{d} L_i$，那么 $L_d=N$。构造所有有效单元网格的一棵多维索引树需要的时间代价为 $O(dL)+\Theta(dn)$，空间代价为 $O(L)+\Theta(n)$。如果 L 很大，那么多维数组就是更好的选择。

2.3.3　CGCG 算法描述

CGCG 算法描述如表 2-3 所示。

表 2-3　CGCG 算法描述

算法 2-3：CGCG 算法
输入：N^*个有效单元网格的集合 EGrid(D) = $\{g_1, g_2, \cdots, g_{N^*}\}$，距离相异性度量 dist(·, ·)。
输出：EGrid(D)的一棵层次聚类树 $\mathrm{LCT}_{\mathrm{EGrid}}(D)$。
过程：Procedure CGCG(EGrid(D))
1:　基于距离相异性度量 dist(·, ·)，从 EGrid(D)中构造一个无向完全图 $G=(V, E)$，$V=\{v_1, v_2, \cdots, v_{N^*}\}$为 EGrid($D$) = $\{g_1, g_2, \cdots, g_{N^*}\}$中 N^*个有效单元网格的中心点所组成的顶点集，$E=\{(v_i, v_j) \mid v_i, v_j \in V\}$为边集，这里边$(v_i, v_j)$的权重定义为 $w(v_i, v_j)=\mathrm{dist}(v_i, v_j)$，$\mathrm{dist}(v_i, v_j)$为单元网格 g_i 和 g_j 的中心点 v_i 和 v_j 之间的距离相异性度量；
2:　采用 Prim 算法，从无向完全图 $G=(V, E)$中构造一棵最小生成树 MST(G)；
3:　根据 MST(G)，最终可以获得 EGrid(D)的一棵层次聚类树 $\mathrm{LCT}_{\mathrm{EGrid}}(D)$。 /* 作为数据集 $D=\{\boldsymbol{x}_1, \boldsymbol{x}_2, \cdots, \boldsymbol{x}_n\}$在单元网格层次上的 LCT，它可近似表达数据集 D 的聚类分布状况*/

2.3.4　CGCG 算法的复杂度分析

在算法 2-3 的过程 1 中，采用简单方法从集合 EGrid(D) = $\{g_1, g_2, \cdots, g_{N^*}\}$中构造无向完全图 $G=(V, E)$，时间代价为 $O(dN^*N^*)$，空间代价为 $O(N^*N^*)$。

在过程 2 中，时间代价为 $O(N^*N^*)$。

在过程 3 中，时间代价为 $\Omega(N^*)$。

2.4　算法实现与改进的若干方法及细节

2.4.1　多维网格划分法

（1）当 n 很大，m 较小时：即对于低维的海量数据集，可先采用多维网格划分法，然后采用 CNNG 算法，这样可以降低时间复杂度。

通过多维网格划分法可构造数据集的单元网格多维索引树（每个属性在中间节点的分支数目都等于该属性的域值分割数目），单元网格挂靠在这棵多维索引树的叶子节点上，这种索引结构可以加快构造数据集的 k-δ 近邻点集。构造完所有点的 k-δ 近邻点集及其有效的存储与索引结构后，采用 CNNG 算法，其时间复杂度一般低于 $\Theta(n^2)$。

（2）当 n 较小时：采用时空代价为 $\Theta(n^2)$ 的高精度、高可靠的聚类算法。

（3）当 n 很大，m 也很大时：即对于高维的海量数据集，采用单元网格层次上的近似聚类算法可以降低时空代价。

当数据集规模很大，且在多个聚类区域中分布比较密集时（非稀疏的数据分布），可考虑采用多维网格划分法来统计具有一定数据点数目的有效单元网格，从而将在数据点层次上的聚类分析转换为单元网格层次上的空间结构分布分析，这样可以提高算法的效率。

2.4.2　多维索引树结构

首先采用多维网格划分法对数据集所在的空间进行有效划分，然后采用多维索引树结构对数据集进行有效的存储，可以加快后续的检索速度，这是一种典型的以空间换时间的策略。比较有名的多维索引树结构有 R 树、R+树、R*树等，这些多维索引树结构的设计及检索方法可以大大加快数据的检索速度。

这里为方便后续的处理，给出了一种与以往的索引树稍有不同的结构——两部多维索引树（Two Part Multi-dimension Index Tree）。先采用多维网格划分法对数据集 $D=\{\boldsymbol{x}_1,\boldsymbol{x}_2,\cdots,\boldsymbol{x}_n\}$ 的 d 个有序属性进行有效的划分，建立一棵由上部多维索引树及下部二叉索引树接合而成的两部多维索引树。在上部多维索引树中，每个叶子节点都是单元网格，因此它是一棵单元网格层次上的多维索引树。对上部多维索引树的每个有效单元网格（它是上部多维索引树的叶子节点，其所含的数据点数目超过某个阈值）建立一棵下部二叉索引树，以加快在该单元网格内对数据点的检索。对于非有效单元网格（其所含的数据点数目小于某个阈值），则采用一个数组来存储该单元网格内的数据点。

不失一般性，设采用序列$(A_1, A_2,\cdots, A_d)$来依次扩展构造上部多维索引树，上部多维索引树的根节点所对应的数据集为 $D = \{\boldsymbol{x}_1, \boldsymbol{x}_2,\cdots, \boldsymbol{x}_n\}$。设值$a_{k1},a_{k2},\cdots,a_{kL_k}$将有序属性$A_k\left(k=1,2,\cdots,d\right)$的取值空间划分为$(L_k+1)$个区间段，则上部多维索引树在该层的节点上最多有$(L_k+1)$棵分支子树（如果没有数据点来做分支扩展，就无须再做扩展）。采用这种分而治之的划分扩展策略，可以大大减少分布在单元网格内的数据点数目。

按照上述策略，单元网格的总数目最多为

$$N=\prod_{k=1}^{m}\left(L_k+1\right) \tag{2-10}$$

如果单元网格的总数目$N=O\left(\sqrt{n}\right)$，则单元网格的平均数据点数目为$O\left(\sqrt{n}\right)$，每个实值有序属性上的平均分割数目为$O\left(\sqrt[2d]{n}\right)$。对有效单元网格内的数据点子集建立二叉索引树，这样每个数据点的检索时间就可以降低到$O(d+\log n)$。

在建立多维索引树前，可以对数据集 D 进行统计分析，如有序属性的取值范围。对有序属性根据直方图进行分割，分割的一个原则是数据点的分布概率大致相等，这样得到的是“非均匀多维网格”。分割的另一个原则是各维的划分间隔相等，这样就可得到“多维等距网格”。显然，“多维等距网格”方便对单元网格进行检索，并能使求取点 $\boldsymbol{p}$ 的 k-δ 近邻点集更为容易。例如，定位某点的单元网格归属时，根据该点在各维上的坐标，经过计算后定位到每个分支只需 $O(1)$，而上部多维索引树最多有$(d+1)$层，这样定位到该点所属的单元网格只需 $O(d)$。

事实上，如果更多的是构造 k-δ 近邻点集之类的操作，而很少有某点的检索操作，则不管是有效单元网格还是非有效单元网格，采用数组来存储其所含的数据点即可。这是因为 k-δ 近邻点集的构造是在近邻的单元网格内进行的，如果需要对近邻的单元网格内的所有数据点进行相异性度量计算，则采用数组作为存储结构更为简便。当然，如果只需对近邻的单元网格内的少量数据点进行相异性度量计算，则可以通过分支定界法对二叉索引树进行剪枝来减少需要计算的数据点。此时，采用二叉索引树来存储有效单元网格内的数据点就有优势了。

2.4.3　近邻点集的构造

（1）问题 1：求取点 $\boldsymbol{p}$ 的最近邻点。

在数据集 $D=\{\boldsymbol{x}_1,\boldsymbol{x}_2,\cdots,\boldsymbol{x}_n\}$ 中搜索距离点 $\boldsymbol{p}$ 最近的点（排除点 $\boldsymbol{p}$）。显然，最简单的方法是依次逐点比较，保留当前距离点 $\boldsymbol{p}$ 最近的点，需要 $\Theta(n)$。

（2）问题 2：求取点 $\boldsymbol{p}$ 的 k 近邻点集 $N_\delta(\boldsymbol{p})$。

在数据集 $D=\{\boldsymbol{x}_1,\boldsymbol{x}_2,\cdots,\boldsymbol{x}_n\}$ 中搜索距离点 $\boldsymbol{p}$ 最近的 k 个点（排除点 $\boldsymbol{p}$）。显然，最简单的方法是依次选择当前距离点 $\boldsymbol{p}$ 最近的点，由于要选择 k 次，所以共需要 $\Theta(kn)$。

（3）问题 3：求取点 $\boldsymbol{p}$ 的 k-δ 近邻点集 $N_{k\text{-}\delta}(\boldsymbol{p})$。

在数据集 $D=\{\boldsymbol{x}_1,\boldsymbol{x}_2,\cdots,\boldsymbol{x}_n\}$ 中搜索与点 $\boldsymbol{p}$ 相距不超过 δ 的最近的 k 个点［排除点 $\boldsymbol{p}$，若 $N_\delta(\boldsymbol{p})$ 的元素不够 k 个，则全部选中］。显然，最简单的方法是依次选择与点 $\boldsymbol{p}$ 相距不超过 δ 且是当前最近的点，由于最多选择 k 次，所以共需要 $O(kn)$。

问题 2 和问题 3 的处理方法十分低效，当求数据集 $D=\{\boldsymbol{x}_1,\boldsymbol{x}_2,\cdots,\boldsymbol{x}_n\}$ 中每个点的最近邻点时，需要 $\Theta(n^2)$；当欲构造数据集 $D=\{\boldsymbol{x}_1,\boldsymbol{x}_2,\cdots,\boldsymbol{x}_n\}$ 的 k 近邻点集时，需要 $\Theta(kn^2)$；当欲构造数据集 $D=\{\boldsymbol{x}_1,\boldsymbol{x}_2,\cdots,\boldsymbol{x}_n\}$ 的 k-δ 近邻点集时，需要 $O(kn^2)$。

（4）优化改进的方法 1。

当 $\Theta(k)>\Theta(\log n)$ 时，求点 $\boldsymbol{p}$ 的 k 近邻点集的一种改进方法是首先对 D-$\{\boldsymbol{p}\}$ 内的点按照距离点 $\boldsymbol{p}$ 的远近进行升序排列，需要 $\Theta(n\log n)$，然后选择前面 k 个点构成点 $\boldsymbol{p}$ 的 k 近邻点集，需要 $\Theta(n\log n)$。构造数据集 $D=\{\boldsymbol{x}_1,\boldsymbol{x}_2,\cdots,\boldsymbol{x}_n\}$ 的 k 近邻点集仍需要 $\Theta(n^2\log n)$，代价很高。采用这种策略来求点 $\boldsymbol{p}$ 的 k-δ 近邻点集也需要同样的代价。

（5）优化改进的方法 2。

$\Theta(n^2\log n)$ 的时间代价对海量数据来说是不太合适的。当维数较小时，尽管 n 很大，采用多维网格划分法并通过建立每个单元网格的 δ 近邻单元网格集来构造每个点的 k-δ 近邻点集，还是可以取得一定程度的时间效率改进的。

2.4.4　δ近邻单元网格集的构造

k-δ近邻点集和δ近邻单元网格集的构造在CNNG算法中是一种很基本也很重要的计算。如果能在这方面加以改进，那么本章提出的两种算法就能取得有效的改进。

（1）点$\boldsymbol{p}$的δ近邻单元网格集的构造。

如果“单元网格每个维度的长度都大于或等于δ”，则可根据点$\boldsymbol{p}$的位置，确定点$\boldsymbol{p}$的δ范围内的单元网格集，即点$\boldsymbol{p}$的δ近邻单元网格集。显然，在每个维度上都要考虑点$\boldsymbol{p}$所在的区间及其相邻区间（最多两个相邻区间），这种最简单的搜索方法需要$O(3^m)$。如果每个点都需要构造δ近邻单元网格集，则需要$O(n3^m)$。对于高维的海量数据集，这种方法十分低效。

如果$O(n3^m)$太大，则不再采用上面的方法。此时，需要对每个单元网格，判断它是否与点$\boldsymbol{p}=(p_1,p_2,\cdots,p_d)$的$\delta$边界所包围的区域存在交集。判断两个大小不等的“超矩形”区域是否存在交集的方法见2.4.5节。点$\boldsymbol{p}$的δ边界所包围的“超矩形”区域可表示为

$$[\boldsymbol{p}]_\delta=([p_1-\delta,p_1+\delta],[p_2-\delta,p_2+\delta],\cdots,[p_d-\delta,p_d+\delta]) \quad (2\text{-}11)$$

（2）单元网格的δ近邻单元网格集的构造。

如果不满足“单元网格每个维度的长度都大于或等于δ”这个条件，或者$O(N)<O(3^m)$，那么构造$N_\delta(g_j)\ (j=1,2,\cdots,N)$就在全部单元网格范围内搜索与$[g_j]_\delta$存在交集的单元网格。采用排除单元网格相离的方法［见式（2-12)］，计算单个单元网格的δ近邻单元网格集需要$O(2mN)=O(mN)$，则构造每个单元网格的δ近邻单元网格集需要$O(mN^2)$，即$O(mn)$。

/*　$[g_j]_\delta$ 表示对单元网格 g_j 从每个维度的两个方向上扩展δ 长度后得到的“超矩形”区域 */

如果满足“单元网格每个维度的长度都大于或等于δ”和$O(N)>O(3^m)$这两个条件，那么$N_\delta(g_j)\ (j=1,2,\cdots,N)$就是在某个维度上与该单元网格相邻的单元网格集，其数目为(3^m-1)。显然，其δ近邻单元网格集可以通过该单元网格在每个维度上的下标统计计算出来。

例如，对于二维网格，当满足“单元网格 2 个维度的长度都大于或等于 δ”时，单元网格(i, j)的 δ 近邻单元网格集如表 2-4 所示。

表 2-4　单元网格(i, j)的δ近邻单元网格集

$(i-1, j-1)$	$(i, j-1)$	$(i+1, j-1)$
$(i-1, j)$	(i, j)	$(i+1, j)$
$(i-1, j+1)$	$(i, j+1)$	$(i+1, j+1)$

（3）点 $\boldsymbol{p}$ 的 k-δ 近邻点集的构造。

先构造单元网格 g_j $(j = 1, 2,\cdots, N)$的 δ 近邻单元网格集 $N_\delta(g_j)$，然后对 g_j 内的数据点$\{\boldsymbol{p} \mid \boldsymbol{p} \in g_j\}$在 $N_\delta(g_j)$范围内构造 $N_{k\text{-}\delta}(\boldsymbol{p})$，有时这样可以减少计算量。

① 时间复杂度分析。

a. 若构造单元网格 g_j $(j=1, 2,\cdots, N)$的 $N_\delta(g_j)$，需要 $\min\{O(N),O(3^m)\}$，则构造全部单元网格的 δ 近邻单元网格集，需要 $\min\{O(N^2), O(N3^m)\}$。

/* 单元网格每个维度的长度都大于或等于δ，即 $(\Delta_1, \Delta_2, \Delta_3, \cdots, \Delta_m) \geqslant (\delta, \cdots, \delta)$ */

b. 如果 $N_\delta(g_j)$ $(j=1,2,\cdots,N)$所含的单元网格数目［记为$|N_\delta(g_j)|$］为一个远远小于 N 的系数因子 C，则单元网格的平均数据点数目为 $O(N)$［隐含 $O(n)=O(N^2)$］。对于数据点 $\boldsymbol{x}_i$ $(i = 1, 2,\cdots, n)$，设 g_j 包含点 $\boldsymbol{x}_i$，那么在 $N_\delta(g_j)$中构造 $N_\delta(\boldsymbol{x}_i)$，需要 $O\left(\sum_{g_l \in N_\delta(g_j)} |g_l|\right) \approx O(CN)$。由 $N_\delta(\boldsymbol{x}_i)$构造 $N_{k\text{-}\delta}(\boldsymbol{x}_i)$，需要 $\min\{O(CkN), O(CN\log N)\}$。所以，对于数据集 $D = \{\boldsymbol{x}_1, \boldsymbol{x}_2,\cdots, \boldsymbol{x}_n\}$，构造每个点的 k-δ 近邻点集，需要 $\min\{O(CkNn), O(CnN\log N)\}$，去掉系数因子 C 后为 $\min\{O(kn^{2/3}), O(n^{2/3}\log n)\}$。这种时间代价比起蛮力方法的$\Theta(n^2 \log n)$还是有改进的。

/* $|g_l|$为单元网格 g_l 所含的数据点数目 */

② 缺点分析。

a. 低维时才能保证 $O(N)>O(3^m)$，此时才可以选择这种代价低的构造 δ 近邻单元网格集的方法。

b. 要求 δ 不能太大，进行多维网格划分后，要保证单元网格总数目满足 $O(N)=O(\sqrt{n})$。

（4）点 $\boldsymbol{p}$ 的 k-δ 近邻点集的存储结构。

对 g_j $(j = 1, 2,\cdots, N)$中的数据点$\{\boldsymbol{p} \mid \boldsymbol{p} \in g_j\}$在 $N_\delta(g_j)$范围内构造 $N_{k\text{-}\delta}(\boldsymbol{p})$之后，就可以采用邻接表结构来存储点 $\boldsymbol{x}_i$ $(i=1, 2,\cdots, n)$的 $N_{k\text{-}\delta}(\boldsymbol{x}_i)$。$n$ 个点的下标存储在一维数组中，点 $\boldsymbol{x}_i$ $(i=1,2,\cdots,n)$带有一个指向其 $k\text{-}\delta$ 近邻点集 $N_{k\text{-}\delta}(\boldsymbol{x}_i)$的指针，$N_{k\text{-}\delta}(\boldsymbol{x}_i)$中各点的下标可以以数组结构存储，也可以以二叉树结构存储。只存储点的下标。若需要进行计算，则通过点的下标来访问点，可以节约存储空间。

如果每个单元网格都存储了其所包含的数据点，那么可以让点 $\boldsymbol{x}_i$ $(i = 1, 2,\cdots, n)$指向其 δ 近邻单元网格集所在的存储结构（如数组或二叉树）。在所有存储结构中，具体的取值只存储一次，其他结构均采用下标的方式进行引用，这种方式在本章的算法实现中可以节约不小的空间。

2.4.5　区域是否存在交集的判定

（1）两个“超球体”是否存在交集的判定。

设有“超球体”1#和“超球体”2#，r_1 和 r_2 分别为“超球体”1#和“超球体”2#的半径，d_{12} 为“超球体”1#的球心与“超球体”2#的球心之间的距离。判定方法如下。

如果 $r_1 + r_2 < d_{12}$，那么“超球体”1#与“超球体”2#不存在交集；

如果 $r_1 + r_2 > d_{12}$，那么“超球体”1#与“超球体”2#存在交集；

如果 $r_1 + r_2 = d_{12}$，那么“超球体”1#与“超球体”2#相切。

（2）两个“超矩形”是否存在交集的判定。

设 r_1 和 r_2 分别为“超矩形”1#和“超矩形”2#的半径（超矩形中心到顶角的距离），d_{12} 为“超矩形”1#的中心与“超矩形”2#的中心之间的距离。$r_{1i}\left(i=1,2,\cdots,d\right)$为“超矩形”1#在第 i 维上边长的一半，$r_{2i}\left(i=1,2,\cdots,d\right)$为“超矩形”2#在第 i 维上边长的一半。判定方法如下。

如果 $\forall i \in \{1,2,\cdots,d\}$ 均有 $r_{1i} + r_{2i} > d_{12}$，那么“超矩形”1#与“超矩形”2#存在交集；

如果 $r_1 + r_2 < d_{12}$，那么“超矩形”1#与“超矩形”2#不存在交集；

如果 $r_1 + r_2 = d_{12}$，那么“超矩形”1#与“超矩形”2#可能相切，也可能不存在交集；

如果 $\exists i \in \{1,2,\cdots,d\}$ 使 $r_{1i} + r_{2i} < d_{12} < r_1 + r_2$，那么“超矩形”1#与“超矩形”2#可能存在交集，它们是否相交还需借助性质 2-3 进行判定。

性质 2-3 两个同一规格的“超矩形”存在交集的充要条件是一个“超矩形”的一个顶点位于另一个“超矩形”区域之内。

（3）一个“超球体”与一个“超矩形”是否存在交集的判定。

设 R 和 r 分别为“超球体”1#和“超矩形”2#的半径，$\hat{r}$ 为“超矩形”1#的半径。“超球体”1#与“超矩形”1#同心，“超球体”1#是在“超矩形”1#上的 δ 超球体扩展，所以有 $R = \delta + \hat{r}$。d_{12} 为“超球体”1#的球心与“超矩形”2#的中心之间的距离。$r_i\left(i = 1,2,\cdots,d\right)$ 为“超矩形”2#在第 i 维上边长的一半。若所有单元网格都具有统一的大小，则 $\hat{r} = r$。判定方法如下。

如果 $\forall i \in \{1,2,\cdots,d\}$ 均有 $R + r_i > d_{12}$，那么“超球体”1#与“超矩形”2#存在交集；

如果 $R + r < d_{12}$，那么“超球体”1#与“超矩形”2#不存在交集；

如果 $R + r = d_{12}$，那么“超球体”1#与“超矩形”2#可能相切，也可能不存在交集；

如果 $\exists i \in \{1,2,\cdots,d\}$ 使 $R + r_i < d_{12} < R + r$，那么“超球体”1#与“超矩形”2#可能存在交集，也可能相离。它们是否相交还需进一步判定。

或者，排除与“超球体”不存在交集的“超矩形”，对与“超球体”存在交集和可能存在交集的“超矩形”内部的数据点 $\boldsymbol{x}$ 判断其是否位于“超球体”内部的点 $\boldsymbol{p}$ 的 δ 邻域，即判断 $\boldsymbol{x} \in N_\delta(\boldsymbol{p})$ 是否成立。

（4）大号“超矩形”与小号“超矩形”是否存在交集的判定。

d 维时，设大号“超矩形”表示为 $[x_1, y_1] \times [x_2, y_2] \times \cdots \times [x_d, y_d]$；小号“超矩形”表示为 $[u_1, v_1] \times [u_2, v_2] \times \cdots \times [u_d, v_d]$，那么大号“超矩形”与小号“超矩形”是否存在交集的判定方法如下。

如果 $((u_1 > y_1) \vee (v_1 < x_1)) \vee ((u_2 > y_2) \vee (v_2 < x_2)) \vee \cdots \vee ((u_d > y_d) \vee (v_d < x_d))$ 为真，那么大号“超矩形”与小号“超矩形”相离；

如果 $((u_1 > y_1) \vee (v_1 < x_1)) \vee ((u_2 > y_2) \vee (v_2 < x_2)) \vee \cdots \vee ((u_d > y_d) \vee (v_d < x_d))$ 为假，那么大号“超矩形”与小号“超矩形”相交（包括相接或包含关系）。 （2-12）

所以，只要进行 $2d$ 次边界判断就可得知大号“超矩形”与小号“超矩形”是否存在交集。

2.5　本章小结

本章提出了一种有效的图聚类算法，介绍了如何采用适当的数据结构和有效的改进技术来降低算法的时空复杂度。通过理论分析和文献[79]中的仿真实验，可以观察到本章提出的算法有时比一些经典的聚类算法能够获得更好的聚类质量或更快的聚类速度。可以说，本章提出的算法不仅具有一定的理论价值，而且对其改进技术和设计方法具有一定的实用性和参考价值。

第3章　基于近邻势与单元网格近邻势的聚类算法

在数据挖掘领域，获得全局分布结构成本较高。通常，某些数据的全局分布结构可以由许多相连的局部分布结构近似表示。在近邻思想的启发下，一些基于近邻的有效算法被开发出来并应用到一些实际系统中。

Jarvis 等[89]首先从距离矩阵中建立一个共享的近邻图，然后通过共享近邻点来计算相似度，最后进行聚类分析。例如，如果点 $\boldsymbol{x}$ 和点 $\boldsymbol{y}$ 都在彼此的 k 近邻列表中，那么它们之间就建立了一条连边。后来提出的 ROCK 算法[90]也存在相似的思想。Ertöz 等[91]通过重新定义相似度，提出了一种改进的 J-R 聚类算法。

我们基于下面的自然现象提出了近邻势的概念。一个恒星吸引着一些行星，恒星的质量越大，对行星的吸引力就越大。

本章的三种算法[77]，即基于近邻势的聚类（Clustering Based on Near Neighbor Influence，CNNI）算法、其在时间代价上的一种改进算法 ICNNI（Improved Version of CNNI Algorithm）和一种变种算法 VCNNI（Variation Version of CNNI Algorithm），都是受到近邻思想的启发和依据近邻势的叠加原理而开发的。在文献[77]的仿真实验中，选取了四种著名的聚类算法（k-means 算法[6]、FCM 算法[5]、AP 算法[39]和 DBSCAN 算法[10]）作为本章三种算法的对照算法。DBSCAN 算法需要设置两个参数，而 CNNI 算法和 VCNNI 算法只需设置一个参数，且很容易确定。

3.1　基本概念

设在 d 维欧氏空间中有数据集 $D=\{\boldsymbol{x}_1,\boldsymbol{x}_2,\cdots,\boldsymbol{x}_n\}$。为了更好地描述本章的算法，这里先给出几个基本概念。

定义 3-1　一种用于聚类分析的基于距离相异性度量的相似性度量定义为

$$\mathrm{sim}(\boldsymbol{x}, \boldsymbol{y}) = 1/[1+ \mathrm{dist}(\boldsymbol{x}, \boldsymbol{y})] \tag{3-1}$$

式中，$\mathrm{sim}(\boldsymbol{x}, \boldsymbol{y})$为数据集 D 中的点 $\boldsymbol{x}$ 和点 $\boldsymbol{y}$ 的相似性度量；$\mathrm{dist}(\boldsymbol{x}, \boldsymbol{y})$为数据集 D 中的点 $\boldsymbol{x}$ 和点 $\boldsymbol{y}$ 的距离相异性度量。当点 $\boldsymbol{x}$ 和点 $\boldsymbol{y}$ 相等时，有 $\mathrm{dist}(\boldsymbol{x},\boldsymbol{y}) = 0$，$\mathrm{sim}(\boldsymbol{x}, \boldsymbol{y}) = 1$。所以，可以确保 $0 < \mathrm{sim}(\boldsymbol{x}, \boldsymbol{y}) \leqslant 1$。

式（3-1）是相异性度量到相似性度量的一种转换。在文献[92]中，采用的转换公式为 $\mathrm{sim}(\boldsymbol{x}, \boldsymbol{y}) = \exp(-\mathrm{dist}(\boldsymbol{x}, \boldsymbol{y}))$；在 AP 算法[39]中，采用的转换公式为 $\mathrm{sim}(\boldsymbol{x}, \boldsymbol{y}) = -\|\boldsymbol{x} - \boldsymbol{y}\|^2$。

定义 3-2　点 $\boldsymbol{x}$ 的 δ 近邻势定义为

$$I_\delta(\boldsymbol{x}) = \sum\nolimits_{\boldsymbol{y}\in N_\delta(\boldsymbol{x})} \mathrm{sim}(\boldsymbol{x}, \boldsymbol{y}) \tag{3-2}$$

式中，$I_\delta(\boldsymbol{x})$为点 $\boldsymbol{x}$ 的 δ 近邻势；$N_\delta(\boldsymbol{x})$为点 $\boldsymbol{x}$ 的 δ 近邻点集；$\mathrm{sim}(\boldsymbol{x}, \boldsymbol{y})$为点 $\boldsymbol{x}$ 和点 $\boldsymbol{y}$ 的相似性度量。

定义 3-3　设有效单元网格集为 $\mathrm{EGrid}(D) = \{g_1, g_2,\cdots, g_{N^*}\}$，则有效单元网格 $g_i\ (i = 1, 2,\cdots, N^*)$的 δ 近邻有效单元网格集 $N_\delta(g_i)$定义为

$$N_\delta(g_i) = \left\{g_j \mid 0 \leqslant \mathrm{dist}\left(\mathrm{mean}(g_i), \mathrm{mean}(g_j)\right) \leqslant \delta, j = 1,2,\cdots,N, j \neq i\right\} \tag{3-3}$$

式中，$\mathrm{mean}(g_i)$和 $\mathrm{mean}(g_j)$分别为有效单元网格 g_i 和 g_j 的平均点；$\mathrm{dist}(\mathrm{mean}(g_i), \mathrm{mean}(g_j))$为 g_i 和 g_j 之间的一种距离度量。

定义 3-4　在近邻思想及万有引力叠加原理的启发下，有效单元网格 g 的 δ 近邻势定义为

$$I_\delta(g) = \sum\nolimits_{g_j\in N_\delta(g)} \frac{\left(\dfrac{|g|}{n}\right)\left(\dfrac{|g_j|}{n}\right)}{1 + \mathrm{dist}\left(\mathrm{mean}(g), \mathrm{mean}(g_j)\right)} \tag{3-4}$$

式中，$|g|$和$|g_j|$分别为有效单元网格 g 和 g_j 内所包含的数据点数目；n 为数据集 D 的数据点数目；$N_\delta(g)$为有效单元网格 g 的 δ 近邻有效单元网格集；$\mathrm{mean}(g)$和 $\mathrm{mean}(g_j)$分别为有效单元网格 g 和 g_j 的平均点；$\mathrm{dist}(\mathrm{mean}(g), \mathrm{mean}(g_j))$为 g 和 g_j 之间的一种距离度量。

注：从直觉上，有效单元网格 g 的 δ 近邻势的计算式也可以采用以 2 倍均方差为主体分布区间的高斯函数。

3.2　基于近邻势的聚类算法

在 CNNI 算法中，基于某种距离相异性度量，首先为数据集 $D=\{\boldsymbol{x}_1,\boldsymbol{x}_2,\cdots,\boldsymbol{x}_n\}$的每个数据点构造它的 δ 近邻点集，然后计算每个数据点的近邻势，并对所有数据点的近邻势进行降序排列，最后基于逐步推进扩展式的聚类思想，采用分离集数据结构对排序后的数据集进行聚类分析。

3.2.1　CNNI 算法描述

CNNI 算法描述如表 3-1 所示。

表 3-1　CNNI 算法描述

算法 3-1：CNNI 算法

输入：数据集 $D=\{\boldsymbol{x}_1,\boldsymbol{x}_2,\cdots,\boldsymbol{x}_n\}$，距离相异性度量 dist(·, ·)，参数 δ。

输出：数据集 D 的聚类归属标号数组 Label[1..n]。

过程：Procedure CNNI(D, δ)

for $i=1,2,\cdots,n$ **do**

　　根据定义 2-1，构造点 $\boldsymbol{x}_i$ ($i=1,2,\cdots,n$)的 δ 近邻点集 $N_\delta(\boldsymbol{x}_i)$;

　　根据定义 3-2，计算点 $\boldsymbol{x}_i$ ($i=1,2,\cdots,n$)的 δ 近邻势 $I_\delta(\boldsymbol{x}_i)$;

　　Make_Set($\boldsymbol{x}_i$);　/*为每个数据点 $\boldsymbol{x}_i$ ($i=1,2,\cdots,n$)构造一个分离集，Make_Set(·)是分离集结构的一种基本操作 */

　　为数据点 $\boldsymbol{x}_i$ ($i=1,2,\cdots,n$)构造一个结构体 DS($\boldsymbol{x}_i$, $N_\delta(\boldsymbol{x}_i)$)；/*这里的 DS($\boldsymbol{x}_i$, $N_\delta(\boldsymbol{x}_i)$)由点 $\boldsymbol{x}_i$ 的下标及用来存储 $N_\delta(\boldsymbol{x}_i)$的邻接表结构组成。具有 n 个元素的这种结构体数组可表示为(($\boldsymbol{x}_1$, $N_\delta(\boldsymbol{x}_1)$), ($\boldsymbol{x}_2$, $N_\delta(\boldsymbol{x}_2)$),$\cdots$, ($\boldsymbol{x}_n$, $N_\delta(\boldsymbol{x}_n)$)) */

end for

根据每个数据点 $\boldsymbol{x}_i$ ($i=1,2,\cdots,n$)的 $I_\delta(\boldsymbol{x}_i)$，对数据集 $D=\{\boldsymbol{x}_1,\boldsymbol{x}_2,\cdots,\boldsymbol{x}_n\}$进行降序排列。不失一般性，设 $I_\delta(\boldsymbol{x}_1)\geqslant I_\delta(\boldsymbol{x}_2)\geqslant\cdots\geqslant I_\delta(\boldsymbol{x}_n)$;

/* 构造并融合数据集 D 所含的聚类簇。这里，数组元素 Label[i]用来存储点 $\boldsymbol{x}_i$ ($i=1,2,\cdots,n$)所归属的聚类标号 */

for $i=1,2,\cdots,n$ **do**

　　Label[i] $\leftarrow$ 0;　/*每个点初始为孤立点，均未归入任何聚类 */

end for

$i\leftarrow 1$;

$j\leftarrow 1$;　/*用标记 j 来记录当前的聚类数目，它的初始值为 1*/

while $j\leqslant n$ **and** $i\leqslant n$ **do**

续表

14:　　$C_j \leftarrow \varnothing$;　/* 第 j 个聚类 C_j 最初被设置为空集 $\varnothing$*/

15:　　**if** Label[i] == 0 **and** $N_\delta(\boldsymbol{x}_i)$中的大多数点还未归属到已建立的任一个聚类 C_t $(0 < t < j)$中 **then**

/* 如果 Label[i]等于 0，且 $N_\delta(\boldsymbol{x}_i)$中的大多数点的 Label[]也等于 0，那么认为满足 if 条件。在仿真实验中，"大多数" 设置为$(0.8|N_\delta(\boldsymbol{x}_i)|)$ */

16:　　　　$C_j \leftarrow$ Union$(\boldsymbol{x}_i, \boldsymbol{x} \in N_\delta(\boldsymbol{x}_i))$;　　/* Union(·, ·)是分离集结构的一种基本操作。操作完成后，第 j 个聚类 C_j 存储点 $\boldsymbol{x}_i$ 及其 $N_\delta(\boldsymbol{x}_i)$ */

17:　　　　Label[i] $\leftarrow j$;

18:　　　　Label[$\{l \mid \boldsymbol{x}_l \in N_\delta(\boldsymbol{x}_i)\}$] $\leftarrow j$;　　/* 将 $N_\delta(\boldsymbol{x}_i)$中所有点的 Label[]标记为 j，表示这些点归属到第 j 个聚类中 */

19:　　　　$j \leftarrow j+1$;

20:　　**else if** Label[i] == 0 **then**

21:　　　　$\boldsymbol{x}_i$ 加入 $N_\delta(\boldsymbol{x}_i)$中的多数点所在的已建立的某个聚类 C_r $(0 < r < j)$;

/* 说明 $N_\delta(\boldsymbol{x}_i)$中的多数点已经归属到已建立的聚类 C_r $(0 < r < j)$中，C_r 是含 $N_\delta(\boldsymbol{x}_i)$中的数据点数目最多的聚类，这一步可调用分离集结构的另一种基本操作 Find_Set(·)函数来搜索点 $\boldsymbol{x}$ 所在的聚类。这里，"多数" 与上面的 "大多数" 不同 */

22:　　　　Label[i] $\leftarrow r$;

23:　　**end if**

24:　　$i \leftarrow i+1$;

25:　　**while** $i < n$ **and** Label[i] $\neq 0$ **do**

26:　　　　$i \leftarrow i+1$;

27:　　**end while**

28:　**end while**

29:　$k=j$; /* 退出 while 循环后的 j 就是最终获得的聚类数目 k */

30:　此时构造的超集$\{C_1, C_2, \cdots, C_k\}$就作为数据集 $D = \{\boldsymbol{x}_1, \boldsymbol{x}_2, \cdots, \boldsymbol{x}_n\}$的一个聚类簇表示。数组 Label[1..$n$]记录了每个数据点所归属的聚类标号。

3.2.2 CNNI 算法的说明

（1）Make_Set(·)、Union(·, ·)和 Find_Set(·)是分离集结构的三种基本操作。

（2）算法复杂度分析如下。

在算法 3-1 的过程 1～6 中，如果不采用任何算法改进技巧，那么构造一个点的 δ 近邻点集需要的时空代价为 $O(n)$；计算数据集 D 所有点的 δ 近邻势 $I_\delta(\boldsymbol{x}_i)$ $(i = 1, 2, \cdots, n)$需要的时间代价为 $O(n^2)$，空间代价为 $O(kn)$，这里 $k = \max\{|N_\delta(\boldsymbol{x}_1)|, |N_\delta(\boldsymbol{x}_2)|, \cdots, |N_\delta(\boldsymbol{x}_n)|\}$；因为 Make_Set(·)操作需要的时间代价为 $O(1)$，为数据集 D 所有的数据点构造分离集需要的时间代价为 $O(n)$；过程 5 需要的时空代价为 $O(kn)$。

在过程 7 中，可以采用平均时间代价为 $O(n\log n)$的快速排序算法。

在过程 8～28 中，因为过程 16 中的 $\text{Union}(\boldsymbol{x}_i, \boldsymbol{x} \in N_\delta(\boldsymbol{x}_i))$操作需要的时间代价为 $\Omega(|N_\delta(\boldsymbol{x}_i)|)$，所以它们需要的时间代价为 $\Omega(n + |N_\delta(\boldsymbol{x}_1)| + |N_\delta(\boldsymbol{x}_2)| +\cdots+ |N_\delta(\boldsymbol{x}_n)|)$。

可见，该算法需要改进的关键之处在于构造 δ 近邻点集。如果采用适当的数据结构及改进技巧，完全可以提高算法的时间效率。构造 δ 近邻点集的具体改进方法可查阅文献[79]。

3.2.3 参数 δ 的设置

参数 δ 通常会影响数据集的聚类结果。在某些情况下，当 n 很大时，通过设置适当的参数 δ，几乎可以让所有的数据点都有$|N_\delta(\boldsymbol{x})| << n$。直观地说，如果两个点的距离相异性度量小于 δ，就认为这两个点应该在同一个聚类中。这里给出两种估计参数 δ 的方法。

（1）第一种估计参数 δ 的方法为

$$\text{MstEdgeInClus}_{\max} \leqslant \delta \leqslant \text{DistDifferClus}_{\min} \tag{3-5}$$

式中，$\text{MstEdgeInClus}_{\max}$是所有聚类簇的 MST（每个聚类都存在一棵将该聚类所有点连接在一起的 MST）中的最大边；$\text{DistDifferClus}_{\min}$是不同聚类中两个点的最小距离相异性度量。

（2）第二种估计参数 δ 的方法是一种基于数据集 D（或它的一个同分布抽样）的 MST 而设计的算法。具体步骤如下。

① 首先从数据集 D 中构造它的一个最小生成树 $\text{MST}(D)$。

② 然后对该 $\text{MST}(D)$中的所有边进行升序排列。设排序后的边集表示为 $E_{\text{MST}(D)} = \{e_1, e_2,\cdots, e_{n-1}\}$，这里 $e_1 \leqslant e_2 \leqslant \cdots \leqslant e_{n-1}$。

③ 在 $E_{\text{MST}(D)}$中，搜索具有最大差值的两个相邻边。这样，估计参数 δ 可表示为

$$e_k \leqslant \delta \leqslant e_{k+1}，\quad k = \underset{i=1,2,\cdots,n-2}{\operatorname{argmax}} \left(e_{i+1} - e_i\right) \tag{3-6}$$

式中，e_k 和 e_{k+1} 是 $E_{\text{MST}(D)}$中具有最大差值的两个相邻边。

3.2.4 CNNI 算法的改进版本

CNNI 算法的主要代价在于需要为数据集 D 中的所有点构造 δ 近邻点

集。如果能设计合适的数据结构，并且使用有效的算法改进技巧，就可以花费更低的时间代价获得相同的结果，从而提高算法的时间效率。这种在时间效率上改进后的 CNNI 算法版本称为 ICNNI 算法。ICNNI 算法的描述如表 3-2 所示。

表 3-2　ICNNI 算法的描述

算法 3-2：ICNNI 算法
输入：数据集 $D=\{\boldsymbol{x}_1,\boldsymbol{x}_2,\cdots,\boldsymbol{x}_n\}$，距离相异性度量 dist(·, ·)，$d$ 维划分区间间隔向量 $\boldsymbol{I}_{\text{interval}}=(r_1,r_2,\cdots,r_d)$，参数 δ。
输出：数据集 D 的聚类归属标号数组 Label[1..n]。
过程：Procedure ICNNI(D, $\boldsymbol{I}_{\text{interval}}$, δ)
1:　基于向量 $\boldsymbol{I}_{\text{interval}}=(r_1,r_2,\cdots,r_d)$，使用多维网格划分法来划分数据集 D 所在的 d 维有序属性空间；/* 假定含有数据点的单元网格共有 N 个，表示为 $\text{Grid}(D)=\{g_1,g_2,\cdots,g_N\}$ */
2:　**for** $j=1,2,\cdots,N$ **do**
3:　　根据定义 2-12，为每个含有数据点的单元网格 $g_j\,(j=1,2,\cdots,N)$构造 δ 近邻单元网格集 $N_\delta(g_j)$；
4:　　在单元网格 $g_j\,(j=1,2,\cdots,N)$和它的 δ 近邻单元网格集 $N_\delta(g_j)$中，为单元网格 g_j 中的每个数据点构造其 δ 近邻点集；/* 这种方法通常可以降低为每个数据点 $\boldsymbol{x}_i\,(i=1,2,\cdots,n)$构造 δ 近邻点集的时间代价 */
5:　**end for**
6:　**for** $i=1,2,\cdots,n$ **do**
7:　　根据定义 3-2，计算点 $\boldsymbol{x}_i\,(i=1,2,\cdots,n)$的 δ 近邻势 $I_\delta(\boldsymbol{x}_i)$；
8:　　Make_Set($\boldsymbol{x}_i$);　/*为每个数据点 $\boldsymbol{x}_i\,(i=1,2,\cdots,n)$构造一个分离集，Make_Set(·)是分离集结构的一种基本操作 */
9:　　为数据点 $\boldsymbol{x}_i\,(i=1,2,\cdots,n)$构造一个结构体 $\text{DS}(\boldsymbol{x}_i,N_\delta(\boldsymbol{x}_i))$；/*这里的 $\text{DS}(\boldsymbol{x}_i,N_\delta(\boldsymbol{x}_i))$由点 $\boldsymbol{x}_i$ 的下标及用来存储 $N_\delta(\boldsymbol{x}_i)$的邻接表结构组成。具有 n 个元素的这种结构体数组可表示为$((\boldsymbol{x}_1,N_\delta(\boldsymbol{x}_1)),(\boldsymbol{x}_2,N_\delta(\boldsymbol{x}_2)),\cdots,(\boldsymbol{x}_n,N_\delta(\boldsymbol{x}_n)))$ */
10:　**end for**
11～33: 后面的过程与表 3-1 中算法 3-1 的过程 7～29 完全相同。

3.2.5　CNNI 算法的变种版本

CNNI 算法的变种版本，即 VCNNI 算法可以通过修改算法 3-1 中的过程 8～29 的具体实现过程得到。通常，在 VCNNI 算法中的参数 δ 可以设置得比 CNNI 算法中的参数 δ 更小一点，这样在为每个数据点 $\boldsymbol{x}_i\,(i=1,2,\cdots,n)$构造 δ 近邻点集时，就可花费更低的时空代价。VCNNI 算法的描述如表 3-3 所示。

表 3-3　VCNNI 算法的描述

算法 3-3： VCNNI 算法

输入： 数据集 $D = \{\boldsymbol{x}_1, \boldsymbol{x}_2, \cdots, \boldsymbol{x}_n\}$，距离相异性度量 dist(·, ·)，参数 δ。

输出： 数据集 D 的聚类归属标号数组 Label[1..n]。

过程： Procedure VCNNI(D, δ)

1～12: 过程 1～12 与算法 3-1 的过程 1～12 完全相同。

/* 过程 13～18 与算法 3-1 的过程 13～18 完全相同 */

13: **while** $j \leqslant n$ **and** $i \leqslant n$ **do**

14: $C_j \leftarrow \varnothing$; /* 第 j 个聚类 C_j 最初被设置为空集 $\varnothing$*/

15: **if** Label[i] == 0 **and** $N_\delta(\boldsymbol{x}_i)$中的大多数点还未归属到已建立的任一个聚类 C_t $(0 < t < j)$中 **then**

/* 如果 Label[i]等于 0，且 $N_\delta(\boldsymbol{x}_i)$中的大多数点的 Label[]也等于 0，那么认为满足 if 条件。在仿真实验中，“大多数”设置为$(0.8|N_\delta(\boldsymbol{x}_i)|)$ */

16: $C_j \leftarrow$ Union($\boldsymbol{x}_i$, $\boldsymbol{x} \in N_\delta(\boldsymbol{x}_i)$); /* Union(·, ·)是分离集结构的一种基本操作。操作完成后，第 j 个聚类 C_j 存储点 $\boldsymbol{x}_i$ 及其 $N_\delta(\boldsymbol{x}_i)$ */

17: Label[i] $\leftarrow j$;

18: Label[$\{l \mid \boldsymbol{x}_l \in N_\delta(\boldsymbol{x}_i)\}$] $\leftarrow j$; /* 将 $N_\delta(\boldsymbol{x}_i)$中所有点的 Label[]标记为 j，表示这些点归属到第 j 个聚类中 */

19: **for** $N_\delta(\boldsymbol{x}_i)$中的每个点 $\boldsymbol{x}$ **do**

20: **if** $|N_\delta(\boldsymbol{x})| > 0$ **then**

21: 调用一个递归函数 Put_NearNearborPoints_Into_CurrentCluster (当前点 $\boldsymbol{x}$, 当前的聚类号 j, 数据集 D, 所有点的 δ 近邻点集的集合$\{N_\delta(\boldsymbol{x}_1), N_\delta(\boldsymbol{x}_2), \cdots, N_\delta(\boldsymbol{x}_n)\}$, 聚类归属标号数组 Label[1..$n$]);

22: **end if**

23: **end for**

24: $j \leftarrow j+1$;

25: **end if**

26: $i \leftarrow i+1$;

27: **while** $i < n$ **and** Label[i] $\neq 0$ **do**

28: $i \leftarrow i+1$;

29: **end while**

30: **end while**

31: 此时构造的超集$\{C_1, C_2, \cdots, C_k\}$就作为数据集 $D = \{\boldsymbol{x}_1, \boldsymbol{x}_2, \cdots, \boldsymbol{x}_n\}$的一个聚类簇表示。数组 Label[1..$n$]记录了每个数据点所归属的聚类标号。

过程 21 调用到的递归函数定义如下：

void Put_NearNearborPoints_Into_CurrentCluster (当前点 $\boldsymbol{x}$, 当前的聚类标号 j, 数据集 D, 所有点的 δ 近邻点集的集合$\{N_\delta(\boldsymbol{x}_1), N_\delta(\boldsymbol{x}_2), \cdots, N_\delta(\boldsymbol{x}_n)\}$, 聚类归属标号数组 Label[1..$n$])

1: **begin**

续表

```
        for (N_δ(x)中的每个点 y) do
            if Label[点 y 在数组 Label 中的索引号] == 0 and |N_δ(y)| > 0 then
                C_j ← Union(y, x);
                Label[点 y 在数组 Label 中的索引号] ← j;
                Put_NearNearborPoints_Into_CurrentCluster(y, j, D, {N_δ(x_1), N_δ(x_2), ⋯ , N_δ(x_n)}, Label[1..n]);
            end if
        end for
    end
```

3.3　基于单元网格近邻势的聚类算法

如果有序属性空间的部分区域分布着较高密度的数据，则可考虑采用基于有序属性空间的多维网格划分法来统计超过一定数据点数目的单元网格，从而将在数据点层次上的聚类分析近似转换为有效单元网格层次上的单元网格分布结构分析。这种单元网格层次的粗放型聚类分析通常采用单元网格的数据点数目与总数据点数目之比（类似密度的含义）来表示该单元网格的“质量”，以有效单元网格来代替该网格内的“所有数据点”进行聚类分析。

这种单元网格层次上的近似聚类分析首先需要选用一种高效的空间划分策略构造数据集的有效单元网格集，并采用一种高效的存储结构保存；其次选取一种合适的相异性度量（对于低维数值型数据，可采用欧氏距离）构造有效单元网格集的 δ 近邻有效单元网格集，采用定义 3-4 计算每个有效单元网格的 δ 近邻势，并依据近邻势的大小对有效单元网格集进行降序排列；再次采用分离集结构及逐步推进的近邻扩展式策略在有效单元网格层次上构造聚类簇；最后由有效单元网格层次上的聚类簇构造整个数据集的聚类簇。这种近似的快速聚类算法称为基于单元网格近邻势的聚类（Clustering Based on Near Neighbor Influence of Grid Cells，CIGC）算法。

3.3.1　CIGC 算法描述

CIGC 算法描述如表 3-4 所示。

表 3-4 CIGC 算法描述

算法 3-4： CIGC 算法

输入： 数据集 $D = \{\boldsymbol{x}_1, \boldsymbol{x}_2, \cdots, \boldsymbol{x}_n\}$，距离相异性度量 dist(·, ·)，$d$ 维划分区间间隔向量 $\boldsymbol{I}_{\text{interval}} = (r_1, r_2, \cdots, r_d)$，判定为有效单元网格的阈值参数 ε，近邻有效单元网格集的阈值参数 δ。

输出： 数据集 D 的聚类归属标号数组 Label[1..n]。

过程： Procedure CIGC(D, $\boldsymbol{I}_{\text{interval}}$, ε, δ)

1: 初始化有效单元网格的数目为 0，即 $n_{\text{EGrid}} \leftarrow 0$；

2: 根据向量 $\boldsymbol{I}_{\text{interval}}$，采用多维网格划分法对 d 维有限区域空间进行空间划分；

3: 数据集 D 中的每个数据点都被分配到各单元网格中；

4: 依次统计每个单元网格内所含的数据点数目，若其所含的数据点数目与数据集 D 的数据点数目之比大于设定的阈值 ε，则进行 n_{EGrid}++操作，该单元网格被设定为有效单元网格，并根据定义 2-11 存储其必要的数据结构信息；/* 把最终的 n_{EGrid} 赋给 N^* */

5: 建立一个多维数组或构建一棵多维索引树来存储 N^* ($0 \leqslant N^* \leqslant N$)个有效单元网格组成的集合 EGrid($D$) = $\{g_1, g_2, \cdots, g_{N^*}\}$；

6: **for** $j = 1, 2, \cdots, N^*$ **do**

7: 在 EGrid(D)中，根据定义 3-3 构造有效单元网格 g_j 的 δ 近邻有效单元网格集 $N_\delta(g_j)$；/* 设有效单元网格集 EGrid(D) = $\{g_1, g_2, \cdots, g_{N^*}\}$的 δ 近邻有效单元网格集的集合表示为 $\delta(\text{EGrid}(D)) = \{N_\delta(g_1), N_\delta(g_2), \cdots, N_\delta(g_{N^*})\}$ */

8: 在有效单元网格 g_j 和它的 δ 近邻有效单元网格集 $N_\delta(g_j)$中，依据式（3-4）计算有效单元网格 g_j 的 δ 近邻势；/* 设有效单元网格集 EGrid(D) = $\{g_1, g_2, \cdots, g_{N^*}\}$的 δ 近邻势集表示为 $I_\delta(\text{EGrid}(D)) = \{I_\delta(g_1), I_\delta(g_2), \cdots, I_\delta(g_{N^*})\}$ */

9: 对有效单元网格 g_j 进行 Make_Set(g_i)操作；/* 为每个有效单元网格构造一个分离集，Make_Set(·)是分离集结构的一种基本操作 */

10: 为有效单元网格 g_j 构造一个结构体 DS(g_j, $N_\delta(g_j)$)；/* 这里的 DS(g_j, $N_\delta(g_j)$)由有效单元网格 g_j 的下标及用来存储 $N_\delta(g_j)$的邻接表结构组成 */

11: **end for**

12: 根据 δ 近邻势的大小对有效单元网格集 EGrid(D) = $\{g_1, g_2, \cdots, g_{N^*}\}$进行降序排列；/* 不失一般性，设 $I_\delta(g_1) \geqslant I_\delta(g_2) \geqslant \cdots \geqslant I_\delta(g_{N^*})$ */

/* 下面用数组元素 GridClusRest[j]来存储有效单元网格 g_j ($j = 1, 2, \cdots, N^*$)所归属的聚类标号。有效单元网格集 EGrid(D) = $\{g_1, g_2, \cdots, g_{N^*}\}$的聚类簇建立及归并操作见过程 13～33 */

13: **for** $i = 1, 2, \cdots, N^*$ **do**

14: GridClusRest[i] ← 0; /* 每个有效单元网格初始化为孤立网格，未归入任何聚类 */

15: **end for**

16: $i \leftarrow 1$;

17: $j \leftarrow 1$; /*用标记 j 来记录当前的聚类数目，它的初始值为 1*/

18: **while** $j \leqslant N^*$ **and** $i \leqslant N^*$ **do**

19: $C_j \leftarrow \varnothing$; /* 第 j 个聚类 C_j 最初被设置为空集 $\varnothing$*/

续表

20: **if** GridClusRest[i] == 0 **and** $N_\delta(g_i)$中的大多数有效单元网格还未归属到已建立的任一个聚类 C_t ($0 < t < j$)中 **then** /* 根据 $N_\delta(g_i)$及数组 GridClusRest 来判断，若 GridClusRest[i]等于 0 且 $N_\delta(g_i)$中的大多数有效单元网格的 GridClusRest 数组元素等于 0，则满足 if 条件*/

21: $C_j \leftarrow \text{Union}(g_i, g \in N_\delta(g_i))$; /* C_j 存储有效单元网格 g_i 及 $N_\delta(g_i)$中的元素，Union (· , ·) 是分离集结构的一种基本操作 */

/* 将 $N_\delta(g_i)$中的所有有效单元网格的 GridClusRest 数组元素都赋为 j，意味着这些有效单元网格归属到第 j 个聚类中 */

22: GridClusRest[i] $\leftarrow j$;

23: GridClusRest[$\{l \mid g_l \in N_\delta(g_i)\}$] $\leftarrow j$; /* 将 $N_\delta(g_i)$中的所有有效单元网格的 GridClusRest[]标记为 j，表示这些有效单元网格归属到第 j 个聚类中 */

24: $j \leftarrow j+1$;

25: **else if** GridClusRest[i] == 0 **then**

26: $\boldsymbol{x}_i$ 加入 $N_\delta(\boldsymbol{x}_i)$中的多数点所在的已建立的某个聚类 C_r ($0<r<j$); /* 说明 $N_\delta(\boldsymbol{x}_i)$中的多数点已经归属到已建立的聚类 C_r ($0 < r < j$)中，C_r 是含 $N_\delta(\boldsymbol{x}_i)$中的数据点数目最多的聚类，这一过程可调用分离集结构的另一种基本操作 Find_Set(·)函数来搜索点 $\boldsymbol{x}$ 所在的聚类。这里，“多数”与上面的“大多数”不同 */

27: GridClusRest[i] $\leftarrow r$;

28: **end if**

29: $i \leftarrow i+1$;

30: **while** $i < N^*$ **and** GridClusRest[i] $\neq 0$ **do**

31: $i \leftarrow i+1$;

32: **end while**

33: **end while**

34: 此时构造的$\{C_1, C_2, \cdots\}$可作为有效单元网格集 EGrid(D)的聚类分配结果； /* 数组 GridClusRest[1 .. N^*]记录了每个有效单元网格的归属聚类标号。特别地，如果某个有效单元网格在数组 GridClusRest 上的值仍为 0，则说明它是一个孤立网格 */

/* 根据有效单元网格集 EGrid(D) = $\{g_1, g_2, \cdots, g_{N^*}\}$的数据结构信息及数组 GridClusRest[1 .. N^*]，很容易在数据集 D 的聚类归属标号数组 Label[1 .. n]中存取相对应的聚类标号。具体操作方法见过程 35～38 */

35: **for** $j = 1, 2, \cdots, N^*$ **do**

36: 将 GridClusRest[j]赋给有效单元网格 g_j 中每个数据点在聚类归属标号数组 Label[1 .. n]中所对应的元素；

37: GridClusRest[1..n]中未曾赋值（不包括初始化）的元素是一些未参与上述聚类过程的数据点（非有效单元网格中的数据点），它们被分配给最近的有效单元网格所归属的聚类，或者被判定为孤立点；

38: **end for**

3.3.2 CIGC 算法的复杂度分析

在算法 3-4 的过程 1～5 中，采用简单的数据点到单元网格的逐一分配方法，需要的时间代价为 $O(dnN)$，空间代价为 $O(n+N)$。对于低维数据集，如果在采用多维网格划分法建立单元网格的过程中存储各维度上的区间划分信息并建立一棵多维索引树，则建立有效单元网格集并存储其必要的数据结构信息需要的时间代价为 $O(dn)$，空间代价为 $O(n+N^*)$。

在过程 7 中，如果采用简单的全范围判断方法，构造有效单元网格 g_j ($j = 1, 2,\cdots, N^*$)的 δ 近邻有效单元网格集 $N_\delta(g_i)$需要的时间代价为 $O(N^*)$，则构造全部有效单元网格的 δ 近邻单元网格集需要的时间代价为 $O((N^*)^2)$。如果数据集的维数较少，通常可以花费更低的代价在 g_j 的 δ 近邻范围内选取满足条件的有效单元网格添加到 $N_\delta(g_j)$中。这种改进方法在文献[79]中有较为详细的讨论。

在过程 8 中，如果 $N_\delta(g_j)$ ($j = 1, 2,\cdots, N^*$)所含的有效单元网格数目［记为 $|N_\delta(g_j)|$］远远小于 N^*，那么计算有效单元网格集 EGrid(D)的 δ 近邻势集需要的时间代价为 $O(N^*)$。

在过程 9 中，因为 Make_Set(·)操作需要 $O(1)$的时间，所以这一过程需要的时间代价为 $O(N^*)$。

在过程 10 中，如果$|N_\delta(g_j)|$ ($j = 1, 2,\cdots, N^*$)远远小于 N，那么构造 DS(g_j, $N_\delta(g_j)$) ($j = 1, 2,\cdots, N^*$)需要的时间代价为 $O(N^*)$。

在过程 12 中，可以采用平均时间代价为 $O(N^*\log N^*)$的快速排序算法。

在过程 13～15 中，需要的时间代价为 $O(N^*)$。

在过程 18～33 的 while 循环中，进行 Union($g_j, g \in N_\delta(g_j)$)操作需要的时间代价为常数，且总共不超过 N^*次合并操作，所以这个阶段需要的时间代价为 $O(N^*)$。

在过程 34 中，需要的时间代价为 $O(N^*)$。

在过程 35～38 中，需要的时间代价为 $O(n)$。

3.3.3 CIGC 算法的参数设置

（1）m 维空间分割间隔向量 $\boldsymbol{I}_{\text{interval}} = (r_1, r_2, \cdots, r_d)$的选取原则。分割间隔

向量越大，单元网格越大，最终可能导致算法的误差也越大。分割间隔向量越小，单元网格越小，虽然可以提高精度，但由于有效单元网格数目可能较多而导致所花费的时空代价较高。所以，参数 $\boldsymbol{I}_{\text{interval}}$ 的大小选择需要在精度和效率方面做一个折中。

（2）判定为有效单元网格的阈值参数 ε 的选取原则。阈值 ε 可以起到过滤噪声点和提高时空效率的作用，其大小可以根据分割间隔向量 $\boldsymbol{I}_{\text{interval}} = (r_1, r_2,\cdots, r_d)$的大小及实际情况来确定。

（3）参数 δ 的选取原则。合适的 δ 需要根据具体数据集的空间分布或经验来选取。在 CIGC 算法中，通常认为当两个有效单元网格均值之间的距离不超过 δ 时，这两个有效单元网格应该属于同一个聚类。这种参数选取原则体现了若能充分利用先验知识进行聚类分析，则聚类效果往往会更好。

3.4　本章小结

3.2 节提出了一种称为 CNNI 的新型聚类算法，以及它的一个改进版本 ICNNI 算法和一个变种版本 VCNNI 算法，它们是依据近邻思想及近邻势的叠加原理而开发的。从文献[77]的仿真实验中可以观察到，与几种经典的聚类算法相比，这三种算法在一些数据集上可以得到更好的或相似的聚类质量，或者更快的聚类速度。

DBSCAN 算法需要两个参数，而 CNNI 算法和 VCNNI 算法只需一个参数。DBSCAN 算法、CNNI 算法、ICNNI 算法和 VCNNI 算法都易于发现孤立点或异常值，不需要事先设定聚类数目。DBSCAN 算法和 VCNNI 算法还可以发现不同形状和大小的簇。通常，可以通过探索性方法确定参数 δ 的有效区间。在 CNNI 算法、ICNNI 算法和 VCNNI 算法中，参数 δ 的有效区间常常比 DBSCAN 算法的有效区间更长或二者相等。与 k-means 算法、FCM 算法和 AP 算法相比，CNNI 算法和 ICNNI 算法可以获得更好的或相似的聚类质量。

ICNNI 算法是一种参数型的聚类算法。在构造 δ 近邻点集时，通过使用文献[79]提出的改进方法，对于有些数据集，ICNNI 算法的时间复杂度可以降低到 $O(n\log n)$。

虽然本章提出的三种算法展现了一些优点，但仍有一定的局限性。首先，

CNNI 算法和 VCNNI 算法的时间复杂度是 $O(n^2)$，ICNNI 算法在有些数据集上的时间复杂度是 $O(n\log n)$，这限制了它们的应用范围。其次，对于一些分散的数据集，DBSCAN 算法、CNNI 算法、ICNNI 算法和 VCNNI 算法对参数 δ 都比较敏感。最后，对于高维的小数据集，ICNNI 算法不是一个很好的选择。

3.3 节提出了 CIGC 算法。在一些聚类区域分布比较明显的数据集中，CIGC 算法通常能取得较好的聚类结果。在一些含噪声且聚类区域非常稀疏的数据集中，CIGC 算法对参数 δ 比较敏感，δ 的取值对最终的聚类精度和聚类数目有较大的影响。文献[77]中的一些图像聚类结果验证了这个结论。

CIGC 算法是在 CNNI 算法的基础上发展起来的一种快速近似聚类算法，它能较好地处理大型密集型数据集，但其缺点是聚类效果对参数 δ 的设置比较敏感。

第4章　快速同步聚类算法

同步聚类是一种新颖的聚类算法。最早的被称为 SynC 的同步聚类算法[19]声明能够在不知道数据集的任何分布情况下，通过动态的同步过程来发现它的内在结构，并能很好地处理孤立点。因为 SynC 算法在每次同步中，对每个点都是使用一种全局搜索策略来构造它的δ近邻点集的，所以它的时间复杂度是 $O(Tdn^2)$，T 表示同步迭代的次数。

通常，一维的数据库索引结构并不适用于多维数据的搜索。基于精确关键字匹配结构的哈希表，也不适用于多维数据空间中的近邻搜索。

由于 B 树和其他顺序访问索引方法都使用一种基于一维顺序关键字的结构，所以都不太适用于多维数据空间中的近邻搜索。对于高于一维的数据集，R 树和 R*树要比 B 树、B+树和 B*树合适得多。

R 树声称可以在多维数据空间中有效率地进行搜索工作。在某些应用中，R 树被用来存储空间点和分组存储附近的点集，并且用一个包含所有数据点的最小边界矩形（或超矩形）在树的一个更高层次上表示。应用 R 树的最大困难是如何构造一棵高效的树，一方面它是平衡的，另一方面边界矩形不包括太多的空间，也不重叠太多。如果能够做到这一点，在进行近邻搜索时，就只需操作非常少的子树。

R 树在某些情况下可以加速近邻搜索。当多维数据组织成一棵 R 树时，通过使用一种空间连接操作，近邻搜索的效率可以得到提高。这种索引方法在许多基于近邻搜索的算法中都是有效的。

在聚类领域的 DBSCAN 算法[10]中，数据点的位置是静态的，所以可以使用 R 树进行近邻搜索，进而提高算法的时间效率。而在 SynC 算法[19]的迭代过程中，由于数据点的位置几乎都是动态变化的，如果依然使用 R 树作为空间索引结构，那么在进行近邻搜索时，未必会取得时间效率上的改进。

在同步聚类过程中，由于绝大多数数据点的位置都会发生移动。参数 δ 取某个范围的值时，部分数据点甚至可能会移动到相邻两块聚类区域间的空白区域。在这种情况下，R 树和 R*树在每次同步后，可能需要重新修改整个树结构，或者部分树节点的信息，以适应新的数据集（当一些数据点移动到新位置后，可以看作形成了新的数据集）。

针对这种具有动态特性的数据集，我们设计了一种基于空间网格的红黑树来改进 SynC 算法的时间效率。使用空间网格对数据集所在的空间进行细划分，目的是将原先需要在全部区域内进行的近邻搜索转换为局部区域内的近邻搜索，从而降低搜索的时间代价。对于每个网格内的数据点子集（在 SynC 算法中，数据点子集随着同步迭代而动态变化），选择比二叉查找树（Binary Search Tree，BST）和平衡二叉查找树（Balanced Binary Search Tree，BBST）更为高效的红黑树作为索引结构，可以提高数据点插入、删除操作的时间效率。

为了克服 SynC 算法时间复杂度高达 $O(Tdn^2)$的缺点，本章研究了三种改进方法，提出了基于空间索引结构的快速同步聚类算法[72]（Fast Synchronization Clustering Algorithms Based on Spatial Index Structures，FSynC）。FSynC 算法在每次同步中都采用一种局部搜索策略来构造 δ 近邻点集，所以它的时间复杂度通常会低于 $O(Tdn^2)$。

4.1　基本概念

设在 d 维欧氏空间中有一个数据集 $D=\{\boldsymbol{x}_1,\boldsymbol{x}_2,\cdots,\boldsymbol{x}_n\}$，该空间的距离相异性度量为 dist(·, ·)。为了更好地描述本章的算法，这里先给出几个基本概念。

定义 4-1[19]　应用到聚类中的 Kuramoto 扩展模型定义为：数据点 $\boldsymbol{x}=(x_1, x_2,\cdots, x_d)$是 d 维欧氏空间中的一个向量。根据文献[19]中的公式(1)，如果将点 $\boldsymbol{x}$ 看作 δ 近邻点集 $N_\delta(\boldsymbol{x})$的一个相位振荡器，那么点 $\boldsymbol{x}$ 在第 k 维上的分量 x_k ($k=1, 2,\cdots, d$)的动力学特性可描述为

$$x_k(t+1)=x_k(t)+\frac{1}{\left|N_\delta\left(\boldsymbol{x}(t)\right)\right|}\sum_{\boldsymbol{y}\in N_\delta\left(\boldsymbol{x}(t)\right)}\sin(y_k(t)-x_k(t)) \tag{4-1}$$

式中，$\boldsymbol{x}(t=0)=(x_1(0), x_2(0),\cdots, x_d(0))$表示点 $\boldsymbol{x}$ 的初始相位；$x_k(t+1)$表示点 $\boldsymbol{x}$ 在第 k 维上的分量 x_k 在第 t 次同步后的更新相位；$\boldsymbol{y}=(y_1, y_2,\cdots, y_d)$是点 $\boldsymbol{x}$ 在第 t 次同步时的一个 δ 近邻点。

定义 4-2[19]　刻画局部同步程度的聚类序参量（Cluster Order Parameter）r_c 定义为

$$r_{c}=\frac{1}{n}\sum_{i=1}^{n}\sum_{y\in N_{\delta}(x_i)}e^{-\mathrm{dist}(x_i,y)} \tag{4-2}$$

式中，当更多的 δ 近邻点集完成同步后，r_c 也将逐步收敛到它的极限。

定义 4-3　在一棵 R 树中，数据点 $\boldsymbol{x}=(x_1, x_2,\cdots, x_d)$的 δ 超矩形搜索区域 $\mathrm{Rect}_{\delta}(\boldsymbol{x})$定义为

$$\mathrm{Rect}_{\delta}(\boldsymbol{x})=([x_1-\delta, x_1+\delta], [x_2-\delta, x_2+\delta],\cdots, [x_d-\delta, x_d+\delta]) \tag{4-3}$$

4.2　快速同步聚类算法的三种具体版本

SynC 算法是由 Böhm 等[19]开发的。为了区分 SynC 算法和 FSynC 算法[72]，下面用我们的语言对 SynC 算法进行简单的介绍。

4.2.1　SynC 算法描述

SynC 算法描述如表 4-1 所示。

表 4-1　SynC 算法描述

算法 4-1：SynC 算法
输入：数据集 $D=\{\boldsymbol{x}_1, \boldsymbol{x}_2,\cdots, \boldsymbol{x}_n\}$，距离相异性度量 dist(·, ·)，近邻阈值参数 δ。
输出：数据集 D 的最终收敛结果 $D(T)=\{\boldsymbol{x}_1(T), \boldsymbol{x}_2(T),\cdots, \boldsymbol{x}_n(T)\}$。
过程：Procedure SynC(D, δ)
/* 初始化 */
1:　迭代步 t 首先设置为 0，即 $t\leftarrow 0$；
2:　**for** $i=1, 2,\cdots, n$ **do**
3:　　$\boldsymbol{x}_i(t)\leftarrow \boldsymbol{x}_i$;
4:　**end for**
/* 执行动态聚类的迭代同步过程 */
5:　**while** 动态聚类不满足它的收敛条件 **do**
6:　　**for** $i=1, 2,\cdots, n$ **do**
7:　　　根据定义 2-1，为数据点 $\boldsymbol{x}_i(t)$构造它的 δ 近邻点集 $N_{\delta}(\boldsymbol{x}_i(t))$ ；
8:　　　使用式（4-1），计算 $\boldsymbol{x}_i(t)$同步后的更新相位 $\boldsymbol{x}_i(t+1)$;
9:　　**end for**

续表

根据式（4-2），计算所有数据点的聚类序参量 r_c；
迭代步 t 加 1，即 t++；
if r_c 收敛 **or** $t == 50$ **then**
我们认为这个动态聚类过程收敛了，因此可以从这个 while 循环中退出来；
end if
end while
最终我们得到一个收敛结果 $D(T) = \{\mathbf{x}_1(T), \mathbf{x}_2(T),\cdots, \mathbf{x}_n(T)\}$。这里，$T$ 是 while 循环的次数。最终收敛结果 $D(T)$反映了数据集 D 的聚类或孤立点。

4.2.2 基于 R 树的快速同步聚类算法

基于 R 树的快速同步聚类算法（Fast Synchronization Clustering Algorithm Based on an R-tree Index Structure，FSynC_RTree）描述如表 4-2 所示。

表 4-2　FSynC_RTree 算法描述

算法 4-2：FSynC_RTree 算法

输入：数据集 $D = \{\mathbf{x}_1, \mathbf{x}_2,\cdots, \mathbf{x}_n\}$，距离相异性度量 dist(·, ·)，近邻阈值参数 δ。
输出：数据集 D 的最终收敛结果 $D(T) = \{\mathbf{x}_1(T), \mathbf{x}_2(T),\cdots, \mathbf{x}_n(T)\}$。
过程：Procedure FSynC_RTree(D, δ)
/* 初始化 */
根据 R 树的定义[80]，构造一棵空的 R 树 RT(DPS = empty)；
for $i = 1, 2,\cdots, n$ **do**
根据 R 树的插入操作，把数据点 $\mathbf{x}_i$ 插入 R 树 RT(DPS)；
end for　/* 在完成所有的插入操作后，得到 RT(DPS = $D(t = 0) = \{\mathbf{x}_1, \mathbf{x}_2,\cdots, \mathbf{x}_n\}$) */
/* 执行动态聚类的迭代同步过程 */
迭代步 t 首先设置为 0，即 $t \leftarrow 0$；
while 动态聚类不满足它的收敛条件 **do**
for $i = 1, 2,\cdots, n$ **do**
使用式（4-3），为数据点 $\mathbf{x}_i(t)$构造它的搜索区域 $\mathrm{Rect}_\delta(\mathbf{x}_i(t))$；
数据点 $\mathbf{x}_i(t)$的 δ 近邻点集 $N_\delta(\mathbf{x}_i(t))$初始化为一个空集，即 $N_\delta(\mathbf{x}_i(t)) \leftarrow \varnothing$；
在当前的 R 树 RT(DPS = $D(t)$)中，为 $\mathrm{Rect}_\delta(\mathbf{x}_i(t))$执行一个搜索操作。如果数据点 $\mathbf{x}_i$ 与搜索到的每个叶子节点所包含的不同于 $\mathbf{x}_i$ 的数据点 $\mathbf{y}$ 的距离相异性度量 dist($\mathbf{x}_i$, $\mathbf{y}$)都小于阈值参数 δ，那么数据点 $\mathbf{y}$ 就添加到数据点 $\mathbf{x}_i(t)$的 δ 近邻点集 $N_\delta(\mathbf{x}_i(t))$中；
使用式（4-1），计算 $\mathbf{x}_i(t)$同步后的更新相位 $\mathbf{x}_i(t+1)$；
end for
for $i = 1, 2,\cdots, n$ **do**

续表

14:　　根据 R 树的删除操作，从当前的 R 树 RT(DPS = $D(t, t+1)$)中删除数据点 $\boldsymbol{x}_i(t)$ ；/* RT(DPS = $D(t , t+1)$)意味着在当前的 R 树中，一部分数据点处在第 t 步迭代中，另一部分数据点处在第(t+1)步迭代中*/

15:　　根据 R 树的插入操作，把数据点 $\boldsymbol{x}_i(t+1)$插入当前的 R 树 RT(DPS = $D(t, t+1)$);

16:　　**end for**

17:　　迭代步 t 加 1，即 t++;

18:　　根据式（4-2），计算所有数据点的聚类序参量 r_c;

19:　　**if** r_c 收敛 **or** $t == 50$ **then**

20:　　我们认为这个动态聚类过程收敛了，因此可以从这个 while 循环中退出来;

21:　　**end if**

22:　**end while**

23:　最终我们得到一个收敛结果 $D(T) = \{\boldsymbol{x}_1(T), \boldsymbol{x}_2(T),\cdots, \boldsymbol{x}_n(T)\}$。这里，$T$ 是 while 循环的次数。最终收敛结果 $D(T)$反映了数据集 D 的聚类或孤立点。

4.2.3 基于多维网格和红黑树的快速同步聚类算法

基于多维网格和红黑树的快速同步聚类算法的第一种实现（Fast Synchronization Clustering Algorithm Based on Multi-dimensional Grids and Red-Black Trees，FSynC_ Grids_RBTrees）算法描述如表 4-3 所示。

表 4-3 FSynC_ Grids_RBTrees 算法描述

算法 4-3：FSynC_Grids_RBTrees 算法

输入：数据集 $D = \{\boldsymbol{x}_1, \boldsymbol{x}_2,\cdots, \boldsymbol{x}_n\}$，距离相异性度量 dist(·, ·)，$d$ 维划分区间间隔向量 $\boldsymbol{I}_{\text{interval}} = (r_1, r_2,\cdots, r_d)$，近邻阈值参数 δ。

输出：数据集 D 的最终收敛结果 $D(T) = \{\boldsymbol{x}_1(T), \boldsymbol{x}_2(T),\cdots, \boldsymbol{x}_n(T)\}$。

过程：Procedure FSynC_Grids_RBTrees(D, $\boldsymbol{I}_{\text{interval}}$, δ)

/* 准备阶段 */

1:　基于向量 $\boldsymbol{I}_{\text{interval}} =(r_1, r_2,\cdots, r_d)$，使用多维网格划分法来划分数据集 D 所在的 d 维有序属性空间;

/* 假定单元网格共有 N 个，表示为 Grid(D) = $\{g_1, g_2,\cdots, g_N\}$ */

2:　数据集 D 中的每个数据点都被分配到各单元网格中;

3:　**for** $j = 1, 2,\cdots, N$ **do**

4:　　根据定义 2-12，在 Grid(D)中，构造单元网格 g_j 的 δ 近邻单元网格集 $N_\delta(g_j)$;

5:　**end for**　/* 在下面的迭代同步聚类中，用这 N 个 δ 近邻单元网格集$\{N_\delta(g_1), N_\delta(g_2),\cdots, N_\delta(g_N)\}$辅助构造 n 个数据点的 δ 近邻点集，可以降低时间代价 */

/* 迭代同步聚类阶段 */

6:　迭代步 t 首先设置为 0，即 $t \leftarrow 0$;

7:　**for** $i = 1, 2,\cdots, n$ **do**

续表

$\boldsymbol{x}_i(t) \leftarrow \boldsymbol{x}_i$;
为数据点 $\boldsymbol{x}_i(t)$定位它当前所在的单元网格；
把 $\boldsymbol{x}_i(t)$插入它所在的单元网格的红黑树，该单元网格所含数据点数目加 1；
end for
while 动态聚类不满足它的收敛条件 **do**
for $i = 1, 2,\cdots, n$ **do**
根据定义 2-1 和 $\boldsymbol{x}_i(t)$所在的单元网格的 δ 近邻单元网格集，为数据点 $\boldsymbol{x}_i(t)$构造它的 δ 近邻点集 $N_\delta(\boldsymbol{x}_i(t))$;
使用式（4-1），计算 $\boldsymbol{x}_i(t)$同步后的更新相位 $\boldsymbol{x}_i(t+1)$;
end for
for $i = 1, 2,\cdots, n$ **do**
if $\boldsymbol{x}_i(t+1)$ 脱离 $\boldsymbol{x}_i(t)$所在的单元网格，进入一个新的单元网格 **then**
把 $\boldsymbol{x}_i(t)$从其所在的单元网格的红黑树中删除，$\boldsymbol{x}_i(t)$所在的单元网格的数据点数目减 1；
把 $\boldsymbol{x}_i(t+1)$插入新的单元网格的红黑树，$\boldsymbol{x}_i(t+1)$所在的新单元网格的数据点数目加 1；
end if
end for
迭代步 t 加 1，即 t++;
根据式（4-2），计算所有数据点的聚类序参量 r_c;
if r_c 收敛 **or** $t == 50$ **then**
我们认为这个动态聚类过程收敛了，因此可以从这个 while 循环中退出来;
end if
end while
最终我们得到一个收敛结果 $D(T) = \{\boldsymbol{x}_1(T), \boldsymbol{x}_2(T),\cdots, \boldsymbol{x}_n(T)\}$。这里，$T$ 是 while 循环的次数。最终收敛结果 $D(T)$反映了数据集 D 的聚类或孤立点。

基于多维网格和红黑树的快速同步聚类算法的第二种实现（Fast Synchronization Clustering Algorithm Based on Multi-dimensional Grids and Red-Black Trees*, FSynC_ Grids_RBTrees*）算法描述如表 4-4 所示。

表 4-4　FSynC_ Grids_RBTrees*算法描述

算法 4-4：FSynC_Grids_RBTrees*算法
输入：数据集 $D = \{\boldsymbol{x}_1, \boldsymbol{x}_2,\cdots, \boldsymbol{x}_n\}$，距离相异性度量 dist(·, ·)，$d$ 维划分区间间隔向量 $\boldsymbol{I}_{\text{interval}} = (r_1, r_2,\cdots, r_d)$，近邻阈值参数 δ。
输出：数据集 D 的最终收敛结果 $D(T) = \{\boldsymbol{x}_1(T), \boldsymbol{x}_2(T),\cdots, \boldsymbol{x}_n(T)\}$。
过程：Procedure FSynC_ Grids_RBTrees*(D, $\boldsymbol{I}_{\text{interval}}$, δ)
/* 准备阶段 */

续表

基于向量 $\boldsymbol{I}_{\text{interval}}=(r_1, r_2,\cdots, r_d)$，使用多维网格划分法来划分数据集 D 所在的 d 维有序属性空间；

/* 假定单元网格共有 N 个，表示为 $\text{Grid}(D)=\{g_1, g_2,\cdots, g_N\}$ */

数据集 D 中的每个数据点都被分配到各单元网格中；

迭代步 t 首先设置为 0，即 $t\leftarrow 0$；

for $i=1, 2,\cdots, n$ **do**

　　$\boldsymbol{x}_i(t)\leftarrow \boldsymbol{x}_i$;

　　为数据点 $\boldsymbol{x}_i(t)$定位它当前所在的单元网格；

　　把 $\boldsymbol{x}_i(t)$插入它所在的单元网格的红黑树，该单元网格所含数据点数目加 1；

end for

while 动态聚类不满足它的收敛条件 **do**

　　构造并存储所有的非空单元网格，统计当前非空单元网格数目；/* 设当前非空单元网格的总数目为 $m(t)$ */

　　for $j=1, 2,\cdots, m(t)$ **do**

　　　　在当前非空单元网格集中，使用式（2-9）为第 j 个非空单元网格构造它的 δ 近邻非空单元网格集；

　　end for

　　for $i=1, 2,\cdots, n$ **do**

　　　　在数据点 $\boldsymbol{x}_i(t)$所在的单元网格及该单元网格的 δ 近邻非空单元网格集中，根据定义 2-1 为数据点 $\boldsymbol{x}_i(t)$构造它的 δ 近邻点集 $N_\delta(\boldsymbol{x}_i(t))$；

　　　　使用式（4-1），计算 $\boldsymbol{x}_i(t)$同步后的更新相位 $\boldsymbol{x}_i(t+1)$；

　　end for

　　for $i=1, 2,\cdots, n$ **do**

　　　　if $\boldsymbol{x}_i(t+1)$ 脱离 $\boldsymbol{x}_i(t)$原来所在的非空单元网格，进入一个新的单元网格 **then**

　　　　　　把 $\boldsymbol{x}_i(t)$从其原来所在的非空单元网格的红黑树中删除，$\boldsymbol{x}_i(t)$ 原来所在的非空单元网格的数据点数目减 1；

　　　　　　把 $\boldsymbol{x}_i(t+1)$插入新单元网格的红黑树，$\boldsymbol{x}_i(t+1)$所在的新单元网格的数据点数目加 1；

　　　　end if

　　end for

　　迭代步 t 加 1，即 t++；

　　根据式（4-2），计算所有数据点的聚类序参量 r_c；

　　if r_c 收敛 **or** $t==50$ **then**

　　　　我们认为这个动态聚类过程收敛了，因此可以从这个 while 循环中退出来；

　　end if

end while

最终我们得到一个收敛结果 $D(T)=\{\boldsymbol{x}_1(T), \boldsymbol{x}_2(T),\cdots, \boldsymbol{x}_n(T)\}$。这里，$T$ 是 while 循环的次数。最终收敛结果 $D(T)$反映了数据集 D 的聚类或孤立点。

4.2.4 FSynC 算法的一些知识

引理 4-1 设有一个函数 $f(x_1, x_2,\cdots, x_d) = x_1^{x_1} \cdot x_2^{x_2} \cdot\cdots\cdot x_d^{x_d}$，它的约束条件是 $x_1 + x_2 +\cdots+ x_d = n$。当 $x_j = (n / d), j = 1, 2,\cdots, d$ 时，该函数取得它的最大值 $(n/d)^n$。

证明：根据 Lagrange（拉格朗日）方法，很容易证明这个引理。首先设

$$L(x_1, x_2,\cdots, x_d; \lambda) = x_1^{x_1} \cdot x_2^{x_2} \cdot\cdots\cdot x_d^{x_d} +\lambda(x_1 + x_2 +\cdots+ x_d - n)$$

因为

$$\frac{\partial L}{x_1} = (1+\ln x_1)\cdot x_1^{x_1} \cdot x_2^{x_2} \cdot\cdots\cdot x_d^{x_d} + \lambda = 0$$

$$\frac{\partial L}{x_2} = (1+\ln x_2)\cdot x_1^{x_1} \cdot x_2^{x_2} \cdot\cdots\cdot x_d^{x_d} + \lambda = 0$$

$$\vdots$$

$$\frac{\partial L}{x_d} = (1+\ln x_d)\cdot x_1^{x_1} \cdot x_2^{x_2} \cdot\cdots\cdot x_d^{x_d} + \lambda = 0$$

$$x_1 + x_2 +\cdots+ x_d = n$$

所以

$$(1+\ln x_1) = (1+\ln x_2) = \cdots = (1+\ln x_d)$$

接着得到

$$x_1 + x_2 +\cdots+ x_d = n$$

最后得到

$$x_j =(n / d) \quad (j = 1, 2,\cdots, d)$$

此时，函数 $f(x_1, x_2,\cdots, x_d)$取得它的最大值$(n/d)^n$。

定理 4-1 假设使用多维网格划分法划分数据集 $D = \{\boldsymbol{x}_1, \boldsymbol{x}_2,\cdots, \boldsymbol{x}_n\}$所在的数据空间后获得 N 个单元网格。如果数据集最初由 m ($m\leqslant N$)个数据点数目大于 0 的单元网格和 m 棵相应的红黑树来索引，那么构造最初的 m 棵红黑树的时间代价为 $O(n \log n + m)$，空间代价为 $O(n + m)$。

证明：数据集 $D = \{\boldsymbol{x}_1, \boldsymbol{x}_2,\cdots, \boldsymbol{x}_n\}$分配到 m 个单元网格中，需要的时间代价为 $O(nd)$。设 n_i ($n_i > 0$)是第 i 个单元网格所含的数据点数目。在同步聚类的初始步中，如果 n_i 大于 1，那么将第 i 个单元网格的所有数据点依次插入第 i

棵红黑树，需要的时间代价为 $O(\log(n_i!)) < O(n_i \log(n_i))$；如果 n_i 等于 1，那么将第 i 个单元网格的数据点插入第 i 棵红黑树，需要的时间代价为 $O(1)$。

假设前面的 m^* ($m^* \leqslant m$)个单元网格所含的数据点数目大于 1，后面的 $m - m^*$ 个单元网格所含的数据点数目等于 1，可得

$$n_{(m^*+1)} + n_{(m^*+2)} + \cdots + n_m = m - m^* < m \tag{4-4}$$

对于这 m 个数据点数目大于 0 的单元网格，根据引理 4-1，有

$$\begin{aligned} n_1 \log(n_1) + n_2 \log(n_2) + \cdots + n_{m^*} \log(n_{m^*}) &\leqslant (n - m + m^*) \log((n - m + m^*) / m^*) \\ &\leqslant n \log(n / m^*) < n \log n \end{aligned} \tag{4-5}$$

可见，为数据集 $D = \{\boldsymbol{x}_1, \boldsymbol{x}_2, \cdots, \boldsymbol{x}_n\}$ 构造最初的 m 棵红黑树的时间代价为 $O(n \log n + m)$，空间代价为 $O(n + m)$。

定理 4-2　假设使用多维网格划分法划分数据集 $D = \{\boldsymbol{x}_1, \boldsymbol{x}_2, \cdots, \boldsymbol{x}_n\}$ 所在的数据空间后获得 N 个单元网格。如果数据集 D 最初由 m ($m \leqslant N$)个数据点数目大于 0 的单元网格和 m 棵相应的红黑树来索引，那么在同步聚类过程中，数据点的一次插入和删除操作的时间代价为 $O(n \log n)$，空间代价为 $O(n + N)$。

证明： 在同步聚类过程中，通常只有部分数据点会脱离原来的单元网格，进入新的单元网格。一种极端情况是，第 i 个单元网格的所有数据点从第 i 棵红黑树中脱离，插入第 j 棵红黑树，这需要的时间代价为 $O(n_i \log(n_i) + n_i \log(n_i + n_j)) < O(n_i \log n)$。可见，这种动态聚类的一次插入和删除操作，需要的时间代价为 $O(n \log n)$，空间代价为 $O(n + N)$。

4.2.5　FSynC 算法的复杂度分析

根据文献[19]和我们的分析，SynC 算法需要的时间代价为 $O(Tdn^2)$，而本章的 FSynC 算法利用“空间换时间”的策略，可以获得一定程度的时间效率改进。

（1）算法 4-2 的时空复杂度分析。

在算法 4-2 的过程 1 中，需要的时空代价为 $O(1)$。

在过程 2～4 中，需要的时间代价为 $O(dn \log_{\text{minNum\_RTNode}} n)$，空间代价为 $O(dn\ \text{maxNum\_RTNode})$。这里的 n 是数据点数目；d 是数据空间的维度；minNum_ RTNode 是 R 树节点的最小分支数；maxNum_RTNode 是 R 树节点的最大分支数。

在过程 6～22 的 while 循环中，在数据点 $\boldsymbol{x}_i(t)$的搜索区域 $\mathrm{Rect}_\delta(\boldsymbol{x}_i(t))$中执行搜索操作，需要的时间代价为 $O(d\,|N_\delta(\boldsymbol{x}_i(t))|\,\log_{\mathrm{minNum\_RTNode}} n)$。这里的$|N_\delta(\boldsymbol{x}_i(t))|$是数据点 $\boldsymbol{x}_i(t)$的 δ 近邻点集 $N_\delta(\boldsymbol{x}_i(t))$的数据点数目。过程 7～12 需要的时间代价为 $O(nd\,|N_\delta(\boldsymbol{x}_i(t))|\,\log_{\mathrm{minNum\_RTNode}} n)$。因为数据点 $\boldsymbol{x}_i(t)$ $(i = 1, 2,\cdots, n)$的删除操作需要的时间代价为 $O(d\log_{\mathrm{minNum\_RTNode}} n)$，插入操作需要的时间代价为 $O(d\log_{\mathrm{minNum\_RTNode}} n)$。过程 13～16 需要的时间代价为 $O(nd\log_{\mathrm{minNum\_RTNode}}(n))$。假设 while 循环的次数是 T，那么过程 6～22 需要的时间代价为 $O(Tnd\,\mathrm{average}(|N_\delta(\boldsymbol{x}(t))|)\log_{\mathrm{minNum\_RTNode}} n)$，空间代价为 $O(dn\,\mathrm{maxNum\_RTNode})$。这里的 $\mathrm{average}(|N_\delta(\boldsymbol{x}(t))|)$是数据点 $\boldsymbol{x}_i(t)$ $(i = 1, 2,\cdots, n)$的平均数据点数目。

过程 23 需要的时空代价为 $O(n)$。

（2）算法 4-3 的时空复杂度分析。

在算法 4-3 的过程 1 和 2 中，根据定义 2-11 可知，划分数据空间及存储上所有单元网格基本信息需要的时空代价为 $O(nd + Nd)$。这里的 N 是单元网格的数目。

在过程 3～5 中，如果使用简单的方法，那么为所有的单元网格构造 δ 近邻单元网格集需要的时间代价为 $O(dN^2)$，空间代价为 $O(Nd)$。如果使用文献[79]列出的坐标向量定位法，那么为所有的单元网格构造 δ 近邻单元网格集需要的时间代价为 $O(Nd + N * C^d)$，空间代价为 $O(Nd)$。这里，C 是一个与参数 δ 和向量 $\boldsymbol{I}_{\mathrm{interval}} = (r_1, r_2,\cdots, r_d)$相关的参数。如果 r_i $(i =1, 2,\cdots, d)$在所有的维度上都是相等的，那么 $C = 2\lceil \delta / r_i \rceil + 1$。如果 $\delta \leqslant r_i$ $(i =1, 2,\cdots, d)$，那么 $C = 3$；如果 $\delta \leqslant 2r_i$ $(i =1, 2,\cdots, d)$，那么 $C = 5$。

在过程 9 中，为数据点 $\boldsymbol{x}_i(t = 0)$ $(i = 1, 2,\cdots, n)$定位它所在的单元网格，需要的时间代价为 $O(d)$[79]。在过程 10 中，把点 $\boldsymbol{x}_i(t = 0)$插入它所在的单元网格的红黑树，需要的时间代价为 $O(\log($点 $\boldsymbol{x}_i(t = 0)$所在单元网格的数据点数目$))$。根据定理 4-1，过程 7～11 需要的时间代价为 $O(nd + n\log n + m(t = 0))$，空间代价为 $O(nd + m(t = 0))$。这里的 $m(t = 0)$是初始的非空单元网格的数目。

在过程 12～28 的 while 循环中，如果维度 d 比较小且数据集近似均匀分布，那么过程 13～16 需要的时间代价为 $O(nd + n\log n)$。在过程 17～22 中，点 $\boldsymbol{x}_i(t)$从它所在的单元网格的红黑树中删除，需要的时间代价为 $O(\log($点 $\boldsymbol{x}_i(t)$

所在单元网格的数据点数目))；点 $\boldsymbol{x}_i(t+1)$插入它所在的单元网格的红黑树，需要的时间代价为 $O(\log($点 $\boldsymbol{x}_i(t+1)$所在单元网格的数据点数目))。根据定理 4-2，如果维度 d 比较小且数据集近似均匀分布，那么过程 12～28 需要的时间代价为 $O(Tn\ (d + n\log n) + m(t))$，空间代价为 $O(nd + N)$。这里，T 是 while 循环的次数。

过程 29 需要的时空代价为 $O(n)$。

如果维度 d 比较小且数据集近似均匀分布，那么算法 4-3 需要的总体时间代价为 $O(nd + Nd + \min\{dN^2, Nd + N\,C^d\} + Tn\ (d + \log n) + m(t = 0)) = O(Nd + \min\{dN^2, Nd + N\,C^d\} + Tn\ (d + \log n))$。

（3）算法 4-4 的时空复杂度分析。

在算法 4-4 的过程 1 和 2 中，根据定义 2-11，可知划分数据空间及存储上所有单元网格基本信息需要的时空代价为 $O(nd + Nd)$。

在过程 4～8 中，为数据点 $\boldsymbol{x}_i\ (t = 0)\ (i = 1, 2,\cdots, n)$定位它所在的单元网格，需要的时间代价为 $O(d)$[79]。把点 $\boldsymbol{x}_i(t = 0)$插入它所在的单元网格的红黑树，需要的时间代价为 $O(\log($点 $\boldsymbol{x}_i(t = 0)$所在单元网格的数据点数目))。根据定理 4-1，过程 4～8 需要的时间代价为 $O(nd + n\log n + m(t = 0))$，空间代价为 $O(nd + m(t = 0))$。这里的 $m(t = 0)$是初始的非空单元网格的数目。

在过程 9～29 的 while 循环中，构造并存储所有的非空单元网格需要的时间代价为 $O(N)$。如果使用简单的方法，那么为所有的非空单元网格构造 δ 近邻非空单元网格集需要的时间代价为 $O(d\ (m(t))^2)$，空间代价为 $O(d\ m(t))$。这里的 $m(t)$是第 t 次迭代时的非空单元网格数目。如果维度 d 比较小且数据集近似均匀分布，那么过程 14～17 需要的时间代价为 $O(nd + n\log(n))$。在过程 18～23 中，点 $\boldsymbol{x}_i(t)$从它原始所在的非空单元网格的红黑树中删除时，需要的时间代价为 $O(\log($点 $\boldsymbol{x}_i(t)$原始所在单元网格的数据点数目))；点 $\boldsymbol{x}_i(t+1)$插入新的非空单元网格的红黑树时，需要的时间代价为 $O(\log($点 $\boldsymbol{x}_i(t+1)$所在单元网格的数据点数目))。

根据定理 4-2，如果维度 d 比较小且数据集近似均匀分布，则过程 9～29 需要的时间代价为 $O(T\ (n\ d + n\log n + d\ (m(t))^2))$，空间代价为 $O(nd + N)$。

过程 30 需要的时空代价为 $O(n)$。

如果维度 d 比较小且数据集近似均匀分布，则算法 4-4 需要的总体时间代

价为 $O(nd + Nd + nd + n\log n + m(t = 0) + T(nd + n\log n + d(m(t))^2)) = O(Nd + T(nd + n\log n + d(m(t))^2))$。

4.2.6 FSynC 算法的参数设置

参数 δ 可以影响数据集的聚类结果。在文献[19]中，参数 δ 可以通过 MDL 原理[40]来优化。d 维划分区间间隔向量 $\boldsymbol{I}_{\text{interval}} = (r_1, r_2, \cdots, r_d)$可以影响 FSynC 算法的时间代价。在文献[79]中，对于 $\boldsymbol{I}_{\text{interval}} = (r_1, r_2, \cdots, r_d)$和 N 的关系有较为详细的讨论。

4.3 本章小结

在数据挖掘领域，一些基于近邻的有效算法被开发出来并应用到一些实际系统中。通常，获得全局分布结构的成本较高。为了降低 SynC 算法的时间代价，我们使用一种基于多维网格和红黑树的索引结构来加快近邻点集的构造，提出了一种称为 FSynC 的改进聚类算法。除时间代价外，它的聚类结果与 SynC 算法完全相同。理论分析证明了 FSynC 算法的时间复杂度比 SynC 算法要低。从文献[72]的实验结果中可以观察到，FSynC 算法在多种类型的数据集上都取得了比 SynC 算法更快的聚类速度。

本章的主要贡献可以概括如下。

（1）提出了 FSynC 算法。在每个同步阶段，FSynC 算法都通过多维网格和红黑树为每个数据点构造近邻点集，所以它是 SynC 算法的一个改进版本。

（2）验证了刻画局部同步程度的聚类序参量。

（3）文献[72]通过多种不同类型数据集的仿真实验证实了 FSynC 算法在时间代价上的改进效果。

第 5 章　基于 Vicsek 模型线性版本的同步聚类算法

本章揭示了 Vicsek 模型和它的线性版本的一些基本区别，提出了一种不同于 SynC 算法的基于 Vicsek 模型线性版本的同步聚类算法[57]（Effective Synchronization Clustering Algorithm Based on a Linear Version of Vicsek Model，ESynC）。ESynC 算法是在 SynC 算法和 Vicsek 模型的启发下，构建在 Vicsek 模型线性版本之上的一种同步聚类算法。

SynC 算法和 ESynC 算法都使用一种全局搜索策略来构造 δ 近邻点集，所以它们的时间复杂度都是 $O(Tdn^2)$。本章提出的 ESynC 算法在时间代价上的一种改进算法（Improved ESynC Algorithm in Time Cost，IESynC）在每次同步中都采用一种局部搜索策略来构造 δ 近邻点集，所以它的时间复杂度低于 $O(Tdn^2)$。在某些情形下，IESynC 算法的时间复杂度等于 $O(Tdn\log n)$。IESynC 算法与 ICNNI 算法和 FSynC_ Grids_RBTrees 算法一样，都属于参数型改进算法。

本章的工作是受到文献[19]、[50]、[55]、[57]的启发而开展的。

5.1　基本概念及性质

设数据集 $D = \{\boldsymbol{x}_1, \boldsymbol{x}_2, \cdots, \boldsymbol{x}_n\}$ 分布在 d 维有序属性空间$(A_1\times A_2\times\cdots\times A_d)$的某个区域内。为了更好地描述算法，先给出一些基本概念及性质。

定义 5-1　应用到聚类中的 Vicsek 模型[50, 55]定义为：数据点 $\boldsymbol{x} = (x_1, x_2, \cdots, x_d)$是 d 维欧氏空间中的一个向量。如果将点 $\boldsymbol{x}$ 看作在它的 δ 近邻点集 $N_\delta(\boldsymbol{x})$中的一个相位振荡器，那么点 $\boldsymbol{x}$ 基于 Vicsek 模型的动力学特性可描述为

$$\boldsymbol{x}(t+1) = \boldsymbol{x}(t) + \frac{\boldsymbol{x}(t) + \sum_{\boldsymbol{y}\in N_\delta(\boldsymbol{x}(t))}\boldsymbol{y}}{\left\|\boldsymbol{x}(t) + \sum_{\boldsymbol{y}\in N_\delta(\boldsymbol{x}(t))}\boldsymbol{y}\right\|}v(t)\Delta t \tag{5-1}$$

式中，$\boldsymbol{x}(t=0)=(x_1(0), x_2(0),\cdots, x_d(0))$表示点 $\boldsymbol{x}$ 的初始位置；$\boldsymbol{x}(t+1)$表示点 $\boldsymbol{x}$ 在第 t 次同步后的更新相位；$v(t)$表示第 t 次同步时的移动速度；$v(t)\Delta t$ 表示第 t 次同步的移动路径长度。

在式（5-1）描述的模型中，如果数据点 $\boldsymbol{x}$ 的 δ 近邻点集 $N_\delta(\boldsymbol{x})$是空集，点 $\boldsymbol{x}$ 就沿着它自身的方向移动。在一些基于 Vicsek 模型的多智能体系统中，如果 $v(t)$一直是一个常量，基于式（5-1）的模型就不能应用于聚类分析。所以，这里我们提出可应用于聚类分析的 Vicsek 模型的另一种有效版本。

定义 5-2 应用于聚类分析的 Vicsek 模型[50, 55]的线性版本定义为：数据点 $\boldsymbol{x}=(x_1, x_2,\cdots, x_d)$是 d 维欧氏空间中的一个向量。如果将点 $\boldsymbol{x}$ 看作在它的 δ 近邻点集 $N_\delta(\boldsymbol{x})$中的一个相位振荡器，受 Jadbabaie 等[55]和 Wang 等[57]工作的启发，点 $\boldsymbol{x}$ 基于 Vicsek 模型的线性版本的动力学特性可描述为

$$\boldsymbol{x}(t+1)=\frac{1}{1+\left|N_\delta\left(\boldsymbol{x}(t)\right)\right|}\left(\boldsymbol{x}(t)+\sum\nolimits_{\boldsymbol{y}\in N_\delta(\boldsymbol{x}(t))}\boldsymbol{y}\right) \tag{5-2}$$

式中，$\boldsymbol{x}(t=0)=(x_1(0), x_2(0),\cdots, x_d(0))$表示点 $\boldsymbol{x}$ 的初始位置；$\boldsymbol{x}(t+1)$表示点 $\boldsymbol{x}$ 在第 t 次同步后的更新位置。

式（5-2）与 Mean Shift 算法[93, 94]中下一个搜索位置的计算公式相似。从中我们可以看出，点 $\boldsymbol{x}$ 的更新位置就是点 $\boldsymbol{x}$ 与它的 δ 近邻点集 $N_\delta(\boldsymbol{x})$的均值位置。

式（5-2）还可以被改写为

$$\begin{aligned}\boldsymbol{x}(t+1)&=\boldsymbol{x}(t)+\sum\nolimits_{\boldsymbol{y}\in N_\delta(\boldsymbol{x}(t))}\left(\boldsymbol{y}-\boldsymbol{x}(t+1)\right)\\&=\boldsymbol{x}(t)+\frac{1}{1+\left|N_\delta\left(\boldsymbol{x}(t)\right)\right|}\sum\nolimits_{\boldsymbol{y}\in N_\delta(\boldsymbol{x}(t))}\left(\boldsymbol{y}-\boldsymbol{x}(t)\right)\end{aligned} \tag{5-3}$$

式（5-3）与式（4-1）在外形上有点相似，但它们有着本质的区别。可以看到，式（4-1）所表示的更新模型是非线性的，而式（5-2）与式（5-3）所表示的更新模型是线性的。

定义 5-3 数据集 $D=\{\boldsymbol{x}_1,\boldsymbol{x}_2,\cdots,\boldsymbol{x}_n\}$使用式（5-2）描述的 Vicsek 模型的线性版本进行同步聚类分析，当所有点的最终位置满足式（5-4）给出的条件时，可以认为它们完成了局部同步过程：

$$\boldsymbol{x}_i(t=T)=\mathrm{FSL}_k(T)\quad(i=1, 2,\cdots, n; k=1, 2,\cdots, K) \tag{5-4}$$

式中，T 是同步的次数；K 是最后一次同步时最终的同步位置数目；$\mathrm{FSL}_k(T)$是最后一次同步时第 k 个同步位置。

通常，数据点 $\boldsymbol{x}_i\,(i=1,2,\cdots,n)$的最终同步位置依赖参数 δ、点 $\boldsymbol{x}_i$ 的原始位置和数据集 D 的一些其他点。

定义 5-4　在同步聚类过程中，数据集 $D=\{\boldsymbol{x}_1,\boldsymbol{x}_2,\cdots,\boldsymbol{x}_n\}$在第 t 次同步时的 δ 近邻无向图 $G_\delta(D(t))$定义为

$$G_\delta(D(t))=(V(t),E(t)) \tag{5-5}$$

式中，$V(t=0)=D=\{\boldsymbol{x}_1,\boldsymbol{x}_2,\cdots,\boldsymbol{x}_n\}$是最初的顶点集；$E(t=0)=\{(\boldsymbol{x}_i,\boldsymbol{x}_j)\mid \boldsymbol{x}_j\in N_{k\text{-}\delta}(\boldsymbol{x}_i),\boldsymbol{x}_i\ (i=1,2,\cdots,n)\in V\}$是最初的边集；$V(t)=\{\boldsymbol{x}_1(t),\boldsymbol{x}_2(t),\cdots,\boldsymbol{x}_n(t)\}$是数据集 D 在第 t 次同步时的顶点集；$E(t)=\{(\boldsymbol{x}_i(t),\boldsymbol{x}_j(t))\mid \boldsymbol{x}_j(t)\in N_{k\text{-}\delta}(\boldsymbol{x}_i(t)),\boldsymbol{x}_i(t)\ (i=1,2,\cdots,n)\in V(t)\}$是第 t 次同步时的边集；边$(\boldsymbol{x}_i,\boldsymbol{x}_j)$的权重计算公式为 $w(\boldsymbol{x}_i,\boldsymbol{x}_j)=\mathrm{dist}(\boldsymbol{x}_i,\boldsymbol{x}_j)$。

定义 5-5　在同步聚类过程中，数据集 $D=\{\boldsymbol{x}_1,\boldsymbol{x}_2,\cdots,\boldsymbol{x}_n\}$在第 t 次同步时的 δ 近邻无向图 $G_\delta(D(t))$的 t 步平均边长定义为

$$\mathrm{AveLen}(t)=\frac{1}{|E(t)|}\sum\nolimits_{e\in E(t)}|e| \tag{5-6}$$

式中，$E(t)$是第 t 次同步的边集；$|e|$是边 e 的长度（或权重）。当更多的 δ 近邻点集同步后，$G_\delta(t)$中所有边的平均边长也将逐步下降到它的极限 0，即 $\mathrm{AveLen}(t)\to 0$。这个概念与文献[19]中的聚类序参量等效。

定义 5-6　根据香农信息论，两个离散随机变量 X 和 Y 的互信息（Mutual Information，MI）定义为

$$\mathrm{MI}(X,Y)=\sum\nolimits_{x\in X}\sum\nolimits_{y\in Y}\left[p(x,y)\log\frac{p(x,y)}{p(x)p(y)}\right] \tag{5-7}$$

式中，$p(x,y)$是变量 X 和 Y 的联合概率密度分布函数；$p(x)$和 $p(y)$是变量 X 和 Y 的边缘概率密度分布函数。

定义 5-7　两个聚类结果 X 和 Y 的正规化互信息（Normalized Mutual Information，NMI[95]）定义为

$$\mathrm{NMI}(X,Y)=\frac{\mathrm{MI}(X,Y)}{\sqrt{H(X)H(Y)}} \tag{5-8}$$

式中，$\mathrm{MI}(X, Y)$是两个聚类结果 X 和 Y 的互信息；$H(X)$和 $H(Y)$是聚类结果 X 和 Y 的信息熵。

定义 5-8 两个聚类结果 X 和 Y 的调整互信息（Adjusted Mutual Information，AMI[96]）定义为

$$\mathrm{AMI}(X,Y)=\frac{\mathrm{MI}(X,Y)-E\{\mathrm{MI}(X,Y)\}}{\max\{H(X),H(Y)\}-E\{\mathrm{MI}(X,Y)\}} \tag{5-9}$$

式中，$\mathrm{MI}(X, Y)$是两个聚类结果 X 和 Y 的互信息；$H(X)$和 $H(Y)$是聚类结果 X 和 Y 的信息熵；$E\{\mathrm{MI}(X, Y)\}$是两个聚类结果 X 和 Y 的互信息的数学期望。

定理 5-1 数据集 $D=\{\boldsymbol{x}_1, \boldsymbol{x}_2,\cdots, \boldsymbol{x}_n\}$使用式（5-2）描述的 Vicsek 模型的线性版本进行同步聚类分析，当参数 δ 满足式（5-10）给出的条件时，它们将获得局部同步效果：

$$\delta_{\min}\leqslant\delta\leqslant\delta_{\max} \tag{5-10}$$

设 $e_{\min}(\mathrm{MST}(D))=\min\{\mathrm{dist}(\boldsymbol{x}_i, \boldsymbol{x}_j)|(\boldsymbol{x}_i, \boldsymbol{x}_j \in D) \wedge (\boldsymbol{x}_i\neq \boldsymbol{x}_j)\}$是数据集 D 完全图的 MST 中最短边长的权重，$e_{\max}(\mathrm{MST}(D))$是数据集 D 完全图的 MST 中最长边长的权重。易知，$\delta_{\min}=e_{\min}(\mathrm{MST}(D))$。如果数据集 D 没有孤立点，那么 $e_{\max}(\mathrm{MST}(D))\leqslant\delta_{\max}\leqslant\max\{\mathrm{dist}(\boldsymbol{x}_i, \boldsymbol{x}_j)|(\boldsymbol{x}_i, \boldsymbol{x}_j \in D) \wedge (\boldsymbol{x}_i \neq \boldsymbol{x}_j)\}$。如果数据集 D 有孤立点，则应该先过滤所有的孤立点。

证明：如果 $\delta<\delta_{\min}$，那么对于任意的点 $\boldsymbol{x}_i\,(i=1, 2,\cdots, n)$，都有 $N_\delta(\boldsymbol{x}_i)=\varnothing$。在这种情况下，数据集 D 中的任何一个点都不会与其他点同步，所以同步现象不会发生。

如果 $\delta>\delta_{\max}$，那么对于任意的点 $\boldsymbol{x}_i\,(i=1, 2,\cdots, n)$，都有 $N_\delta(\boldsymbol{x}_i)=D-\{\boldsymbol{x}_i(t)\}$。根据式（5-2）可得 $\boldsymbol{x}_i(t+1)=\mathrm{mean}(D)$。这里，$\mathrm{mean}(D)$是数据集 D 中所有点的均值。数据集 D 中的任何一个点都会与其他所有点同步，此时，全局同步发生了。在一次同步后，数据集 D 中所有点都会同步到它们的均值位置。

显然，如果 $\delta_{\min}\leqslant\delta\leqslant\delta_{\max}$，则发生局部同步。同步的最终结果受参数 δ、数据集 D 中所有点的原始位置影响。

性质 5-1 具有明显聚类结构的数据集 $D=\{\boldsymbol{x}_1, \boldsymbol{x}_2,\cdots, \boldsymbol{x}_n\}$使用式（5-2）描述的 Vicsek 模型的线性版本进行同步聚类分析，当参数 δ 满足式（5-11）给出的条件时，它们将获得有效的局部同步效果，最终得到一些明显的聚类或孤立点：

$$\max\{\text{longestEdgeInMsf}(\text{cluster}_k) \mid k = 1, 2, \cdots, K\} < \delta < \min\{\text{dist}(\text{cluster}_i, \text{cluster}_j) \mid i, j = 1, 2, \cdots, K\} \tag{5-11}$$

式中，longestEdgeInMsf(cluster_k)是第 k 个聚类的 MST 的最长边长；dist(cluster_i, cluster_j)是连接第 i 个聚类和第 j 个聚类的最短边长。

证明： 假定数据集 $D = \{\boldsymbol{x}_1, \boldsymbol{x}_2, \cdots, \boldsymbol{x}_n\}$有 K 个明显的聚类簇。如果 $\delta > \max\{\text{longestEdgeInMsf}(\text{cluster}_k) \mid k = 1, 2, \cdots, K\}$，那么任意一个聚类中的数据点都将被同步。如果 $\delta < \min\{\text{dist}(\text{cluster}_i, \text{cluster}_j) \mid i, j = 1, 2, \cdots, K\}$，那么不同聚类中的数据点不会被同步。

5.2 有效的 ESynC 算法

5.2.1 有效的 ESynC 算法描述

有效的 ESynC 算法描述如表 5-1 所示。

表 5-1 有效的 ESynC 算法描述

算法 5-1：有效的 ESynC 算法

输入：数据集 $D = \{\boldsymbol{x}_1, \boldsymbol{x}_2, \cdots, \boldsymbol{x}_n\}$，距离相异性度量 dist(·, ·)，近邻阈值参数 δ。

输出：数据集 D 的最终收敛结果 $D(T) = \{\boldsymbol{x}_1(T), \boldsymbol{x}_2(T), \cdots, \boldsymbol{x}_n(T)\}$。

过程：Procedure ESynC(D, δ)

/* 初始化 */

迭代步 t 首先设置为 0，即 $t \leftarrow 0$；

for $i = 1, 2, \cdots, n$ **do**

$\boldsymbol{x}_i(t) \leftarrow \boldsymbol{x}_i$;

end for

/* 执行动态聚类的迭代同步过程 */

while 动态聚类不满足它的收敛条件 **do**

for $i = 1, 2, \cdots, n$ **do**

根据定义 2-1，为数据点 $\boldsymbol{x}_i(t)$构造它的 δ 近邻点集 $N_\delta(\boldsymbol{x}_i(t))$；

使用式（5-2），计算 $\boldsymbol{x}_i(t)$同步后的更新位置 $\boldsymbol{x}_i(t+1)$；

end for

根据式（5-6），计算数据集 $D = \{\boldsymbol{x}_1, \boldsymbol{x}_2, \cdots, \boldsymbol{x}_n\}$在第 t 次同步时的 δ 近邻无向图 $G_\delta(D(t))$的 t 步平均边长 AveLen(t)；

迭代步 t 加 1，即 t++；

if AveLen(t) $\rightarrow 0$ **or** $t == 20$ **then**

续表

我们认为这个动态聚类过程收敛了，因此可以从这个 while 循环中退出来；
end if
end while
最终我们得到一个收敛结果 $D(T) = \{\boldsymbol{x}_1(T), \boldsymbol{x}_2(T), \cdots, \boldsymbol{x}_n(T)\}$。这里，$T$ 是 while 循环的次数。最终收敛结果 $D(T)$ 反映了数据集 D 的聚类或孤立点。

除了使用不同的动态聚类模型，ESynC 算法几乎具有与 SynC 算法相同的聚类过程。

5.2.2　比较 Kuramoto 扩展模型、Vicsek 模型的线性版本及 Vicsek 模型的原始版本

通过比较式（4-1）和式（5-2）可以看到，Kuramoto 扩展模型在每步的更新公式中是非线性的，而 Vicsek 模型的线性版本在每步的更新公式中是线性的。

图 5-1 采用包含 800 个数据点的数据集来比较基于 Kuramoto 扩展模型（the Extensive Kuramoto model，EK 模型）的 SynC 算法、基于 Vicsek 模型线性版本（the Linear version of Vicsek model，LV 模型）的 ESynC 算法和基于 Vicsek 模型原始版本（the Original version of Vicsek model，OV 模型）的同步聚类算法的同步聚类演变轨迹。图 5-2（a）比较了这三个模型的聚类序参量在 t (t: 0～49)步同步聚类上的值；图 5-2（b）比较了这三个模型的 t 步平均边长在 t (t: 0～49)步同步聚类上的值；图 5-2（c）比较了这三个模型的聚类数目与参数 δ（δ: 1～100）的关系。

从图 5-1 中我们观察到，OV 模型不能获得局部同步效果，LV 模型比 EK 模型得到了更好的局部同步效果。从图 5-2（a）和图 5-2（b）中可以观察到，在度量最终的同步结果上，t 步平均边长比聚类序参量更好。从图 5-2（c）中可以观察到，LV 模型比 EK 模型中的参数 δ 设置得越小，得到的聚类数目就越多。对于许多具有明显聚类结构的数据集，当参数 δ 在有效范围内取任何一个值时，LV 模型经常能够获得正确的聚类数目。当参数 δ 在一段很长的范围内取任意一个值时，EK 模型获得的聚类数目经常比实际聚类数目要大得多。当参数 δ 在一段很长的范围内取任意一个值时，OV 模型获得的聚类数目与数据点数目一样（OV 模型实际上没有获得一点同步聚类效果）。

从图 5-1（a）到图 5-1（e），这三个模型的参数 δ 设置为 18。在图 5-2 中，

数据集有 800 个数据点，在图 5-2（a）和图 5-2（b）中，这三个模型的参数 δ 设置为 18。

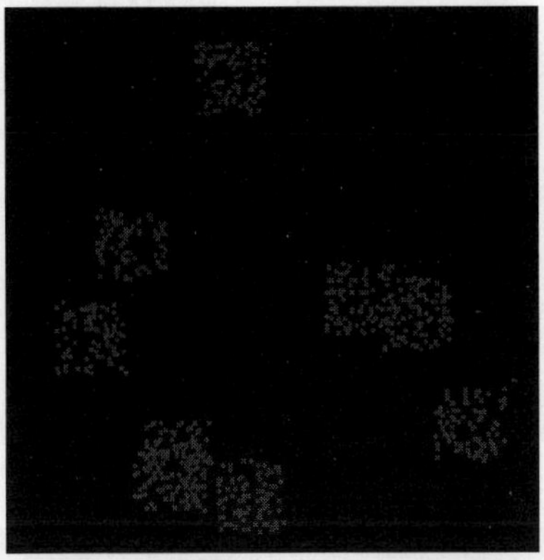

（a）$t=0$（800 个数据点的原始位置）

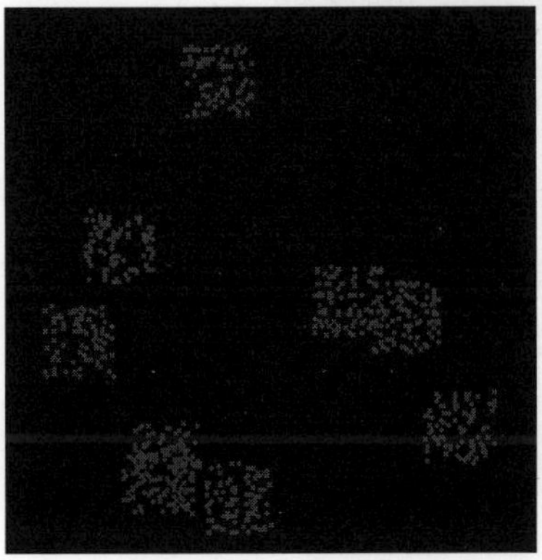

（b-1）EK 模型，$t=1$

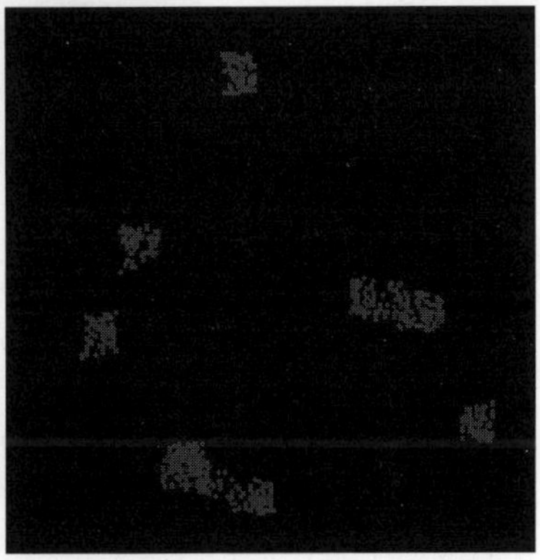

（b-2）LV 模型，$t=1$

（b-3）OV 模型，$t=1$

图 5-1　基于 EK 模型、LV 模型和 OV 模型的同步聚类算法的同步聚类演变轨迹比较

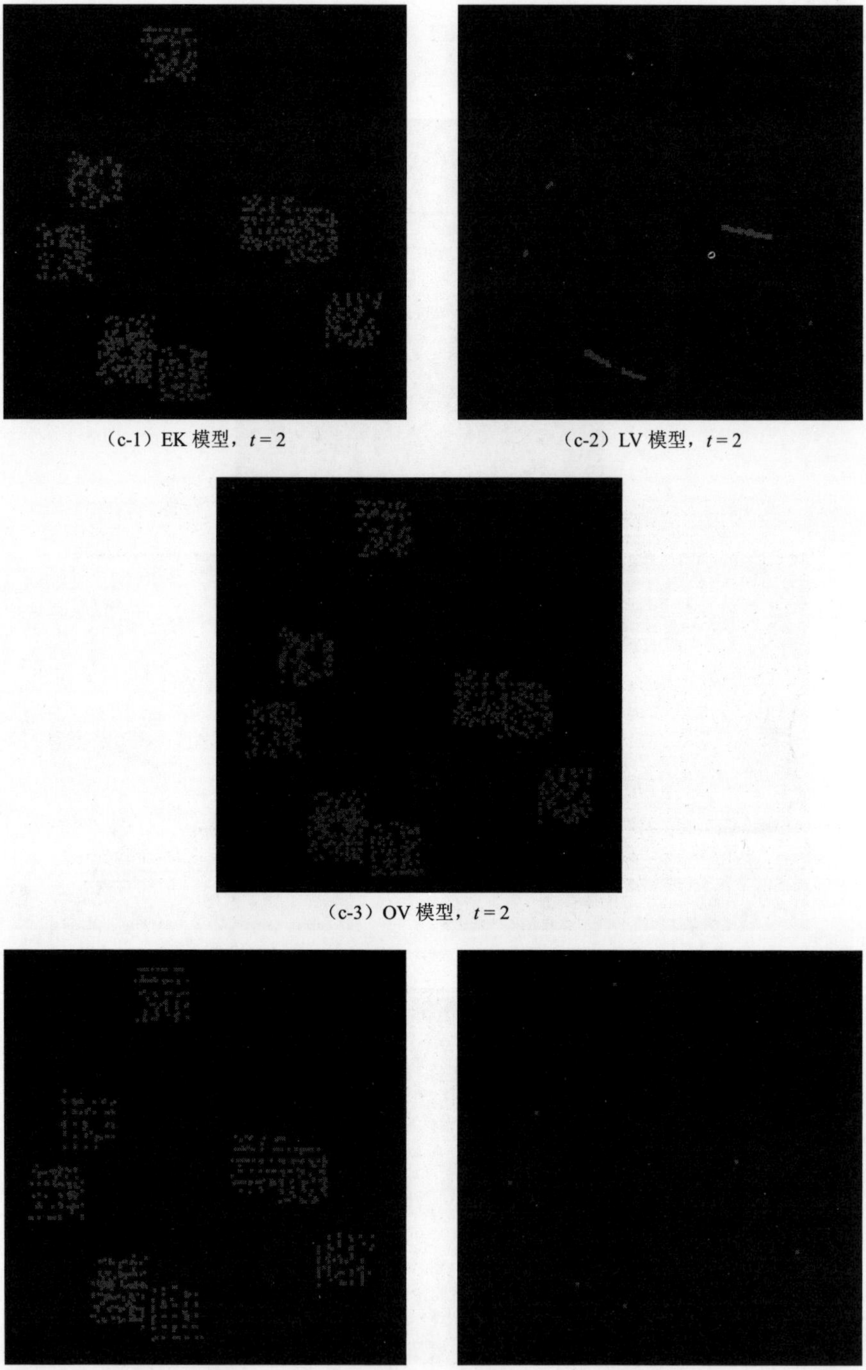

（c-1）EK 模型，$t=2$　　（c-2）LV 模型，$t=2$

（c-3）OV 模型，$t=2$

（d-1）EK 模型，$t=5$　　（d-2）LV 模型，$t=5$

图 5-1　基于 EK 模型、LV 模型和 OV 模型的同步聚类算法的同步聚类演变轨迹比较（续）

（d-3）OV 模型，$t=5$

（e-1）EK 模型，$t=45$

（e-2）LV 模型，$t=45$

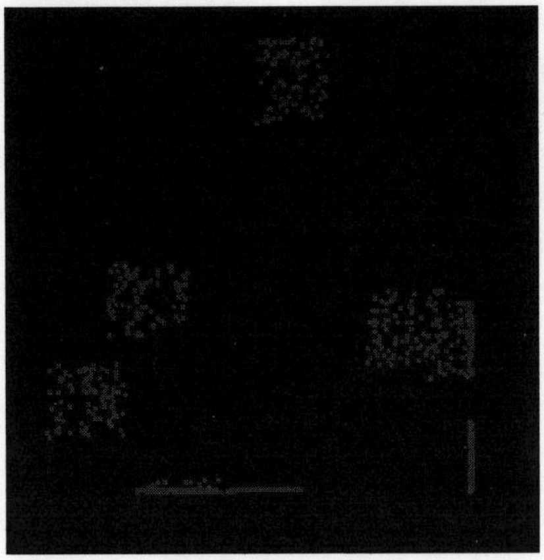

（e-3）OV 模型，$t=45$

图 5-1　基于 EK 模型、LV 模型和 OV 模型的同步聚类算法的同步聚类演变轨迹比较（续）

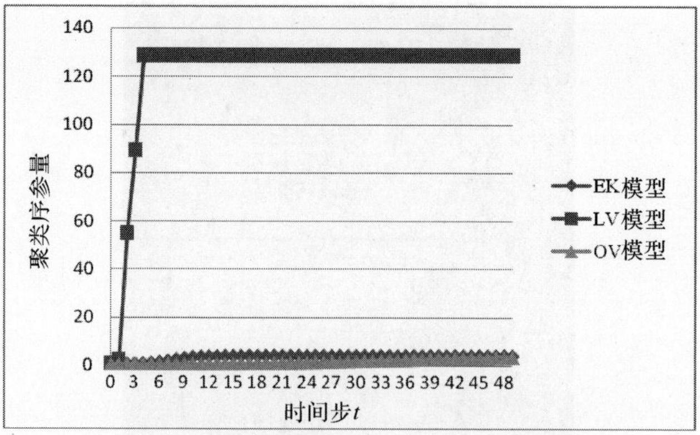

（a）三个模型的聚类序参量在 t (t: 0～49)步同步聚类上的值

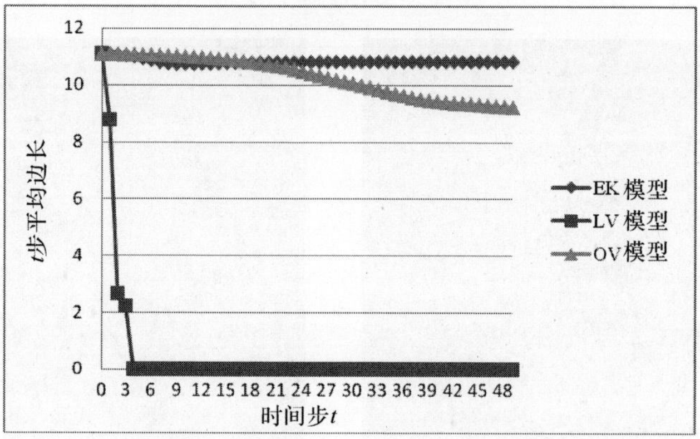

（b）三个模型的 t 步平均边长在 t (t: 0～49)步同步聚类上的值

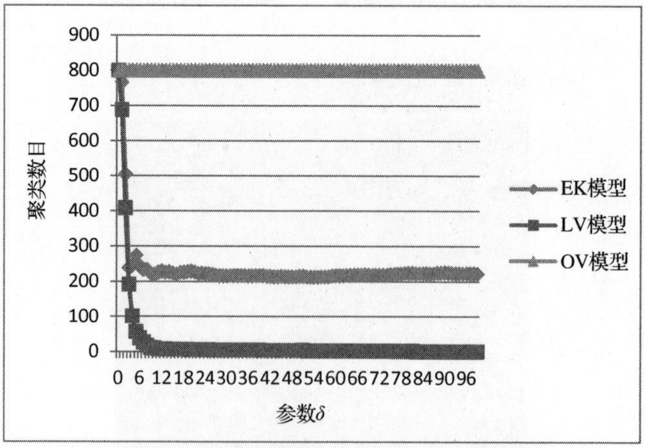

（c）三个模型的聚类数目与参数 δ (δ: 1～100)的关系

图 5-2　EK 模型、LV 模型和 OV 模型的指标比较

5.2.3　ESynC 算法的复杂度分析

在算法 5-1 的过程 2～4 中，需要的时空代价为 $O(n)$。

在过程 5～15 中，如果使用简单方法，那么为所有数据点构造 δ 近邻点集需要的时间代价为 $O(dn^2)$，空间代价为 $O(nd)$。如果使用“空间换时间”的策略，则可以降低构造 δ 近邻点集的时间代价。

过程 16 需要的时空代价为 $O(n)$。

根据文献[19]和我们的分析，ESynC 算法需要的时间代价为 $O(Tdn^2)$，与 SynC 算法相等。这里，T 是算法 5-1 的过程 5～15 中 while 循环的次数。

5.2.4　ESynC 算法的参数设置

ESynC 算法中的参数 δ 可以影响数据集的聚类结果。在文献[19]中，参数 δ 可以通过 MDL 原理[40]来优化。文献[77]提出了两种其他的方法来估计参数 δ。这里，我们也可以根据定理 5-1 和性质 5-1 来设置参数 δ。

5.2.5　ESynC 算法的收敛性

在 ESynC 算法的所有仿真实验中，数据集 $D=\{\boldsymbol{x}_1, \boldsymbol{x}_2,\cdots, \boldsymbol{x}_n\}$中的所有数据点在几次迭代后（绝大多数时候只需 4、5 次）都能稳定下来而不再移动。在收敛结果集 $D(T)$中，那些代表一些数据点的最终同步位置尽管与这些数据点的均值位置有偏差，但一般仍可看作这些数据点的聚类中心；那些只代表一个或几个数据点的稳定位置可看作孤立点的最终同步位置。

ESynC 算法的更新计算公式可以表示为如下的矩阵形式：

$$\boldsymbol{D}(t+1)=\boldsymbol{A}(t)\boldsymbol{D}(t) \tag{5-12}$$

式中，$\boldsymbol{D}(t)=(\boldsymbol{x}_1(t), \boldsymbol{x}_2(t),\cdots, \boldsymbol{x}_n(t))^{\mathrm{T}}$ 是 n 个数据点$\{\boldsymbol{x}_1, \boldsymbol{x}_2,\cdots, \boldsymbol{x}_n\}$在第 t 步同步迭代时的位置向量；$\boldsymbol{A}(t)$是一个 $n\times n$ 的矩阵。

设 $\boldsymbol{D}(t=0)$中的数据点次序与它们的最终聚类标号一致，即在同一个聚类中的点在 $\boldsymbol{D}(t=0)$中连续排列。在这种情况下，$\boldsymbol{A}(T)$是一个团块式矩阵。设数据集 D 共有 K 个聚类或孤立点，用$|c_k|$来标记第 k 个聚类或孤立点的数据点数目，那么如下所示的团块式矩阵就是 $\boldsymbol{A}(T)$的一个典型例子：

$$A(T)=\begin{bmatrix} \begin{matrix}1/|c_1| & \cdots & 1/|c_1| \\ \vdots & & \vdots \\ 1/|c_1| & \cdots & 1/|c_1|\end{matrix} & 0 & \cdots & 0 \\ 0 & \begin{matrix}1/|c_2| & \cdots & 1/|c_2| \\ \vdots & & \vdots \\ 1/|c_2| & \cdots & 1/|c_2|\end{matrix} & \cdots & 0 \\ \vdots & \vdots & \vdots & \vdots \\ 0 & 0 & \cdots & \begin{matrix}1/|c_K| & \cdots & 1/|c_K| \\ \vdots & & \vdots \\ 1/|c_K| & \cdots & 1/|c_K|\end{matrix} \end{bmatrix} \tag{5-13}$$

或许，从理论上分析这个基于 LV 模型的同步过程比分析 Mean Shift 算法或基于 Vicsek 模型的 Multi-Agent 系统更复杂，所以我们在文献[71]中给出了一些仿真实验结果。

5.2.6 ESynC 算法的改进

通过组合多维网格划分法和红黑树来构造 δ 近邻点集，可以获得 ESynC 算法的一个改进版本——IESynC 算法。这种降低构造 δ 近邻点集时间代价的 IESynC 算法在文献[72]中有详细的介绍。这里，我们简单介绍一下。

首先使用多维网格划分法对数据集所在的空间进行划分，然后为所有的单元网格建立一种有效的索引结构，并为每个单元网格构造 δ 近邻单元网格集。当单元网格的数目在一个合适的范围内时，如果每个单元网格都使用一棵红黑树来索引它在每个同步阶段所包含的数据点，δ 近邻点集的构造将变得更快。

ESynC 算法的另一个改进版本将在第 6 章进行介绍。

5.3 本章小结

本章提出了一种称为 ESynC 的同步聚类算法。ESynC 算法经常能得到比 SynC 算法更好的聚类结果。从文献[71]的仿真实验中我们观察到，与 SynC 算法和几种经典的聚类算法相比，ESynC 算法在一些数据集上经常可以得到更好的或相似的聚类结果，或者更快的聚类速度。

本章的主要贡献可以概括如下。

（1）分析了 LV 模型在动态同步聚类中比 EK 模型更加有效的原因。

（2）通过使用 LV 模型，提出了一种称为 ESynC 的更为有效的同步聚类算法，它是 SynC 算法的一个改进版本。

（3）提出并验证了一个能有效刻画 ESynC 算法（或 IESynC 算法）局部同步程度的指标——t 步平均边长。

第 6 章　基于线性加权 Vicsek 模型的收缩同步聚类算法

本章提出了一种不同于 SynC 算法和 ESynC 算法的基于线性加权 Vicsek 模型的收缩同步聚类算法（Shrinking Synchronization Clustering algorithm based on a linear weighted Vicsek model，SSynC）。SSynC 算法是在 SynC 算法和 Vicsek 模型的启发下，构建在线性加权的 Vicsek 模型之上的一种同步聚类算法。

本章的工作是受到文献[19]、[50]、[55]、[57]的启发而开展的。

6.1　基本概念

设数据集 $D = \{\boldsymbol{x}_1, \boldsymbol{x}_2,\cdots, \boldsymbol{x}_n\}$分布在 d 维有序属性空间$(A_1\times A_2\times\cdots\times A_d)$的某个区域内。为了更好地描述算法，先给出一些基本概念。

定义 6-1　在 SSynC 算法中，数据点 $\boldsymbol{x}$ 可以被看作一个活跃核心（Active Core）$\boldsymbol{c}$，当且仅当：①点 $\boldsymbol{x}$ 在当前的同步步骤中是活跃的；②点 $\boldsymbol{x}$ 未被标记为其他核心的归属点。

此时，核心 $\boldsymbol{c}$ 的 ε 近邻点集 $N_\varepsilon(\boldsymbol{c})$中的其他点应标记为核心 $\boldsymbol{c}$ 的归属点。这里，参数 ε 是一个比 SynC 算法和 ESynC 算法中的参数 δ 小得多的实数。通常，如果两个点的距离小于 ε，则认为它们应该在同一个聚类中。

核心 $\boldsymbol{c}$ 的数据结构可定义为

$$\text{DataStruct}(\boldsymbol{c}) = (\text{Core\_Id, Core\_Loc, Par\_CoreId, Num\_ConPoints}) \tag{6-1}$$

式中，Core_Id 是核心 $\boldsymbol{c}$ 在原数据集中的标识号；Core_Loc 是核心 $\boldsymbol{c}$ 的当前位置，可表示为 $\boldsymbol{c}=(c_1, c_2,\cdots, c_d)$的 d 维向量；Par_CoreId 是核心 $\boldsymbol{c}$ 的父核心在原数据集中的标识号，在动态聚类的初始步中，核心 $\boldsymbol{c}$ 的 Parent_CoreId 就是核心 $\boldsymbol{c}$ 本身，在动态聚类的中间步或最终步中，核心 $\boldsymbol{c}$ 的 Parent_CoreId 是核心

$\boldsymbol{c}$ 的归属核心的 Core_Id；Num_ConPoints 是核心 $\boldsymbol{c}$ 所代表或所包含的数据点数目。

引入核心概念的主要目的是记录 SSynC 算法中的聚类信息。

定义 6-2　应用到核心集中的一个同步聚类模型定义为：核心 $\boldsymbol{c}=(c_1, c_2,\cdots, c_d)$是 d 维欧氏空间的一个向量。如果将每个核心 $\boldsymbol{c}$ 都看作一个基于 Vicsek 模型的扩展线性版本（该模型也称为线性加权的 Vicsek 模型）的相位振荡器，那么核心 $\boldsymbol{c}$ 在它的 δ 近邻点集 $N_\delta(\boldsymbol{c})$中的动态同步特征可描述为

$$\boldsymbol{c}(t+1)=\frac{1}{\left|\boldsymbol{c}(t)\right|+\sum_{\boldsymbol{u}\in N_\delta(\boldsymbol{c}(t))}\left|\boldsymbol{u}\right|}\left[\left|\boldsymbol{c}(t)\right|\boldsymbol{c}(t)+\sum_{\boldsymbol{u}\in N_\delta(\boldsymbol{c}(t))}\left(\left|\boldsymbol{u}\right|\boldsymbol{u}\right)\right] \tag{6-2}$$

式中，$\boldsymbol{c}(t=0)=(c_1(0), c_2(0), \cdots, c_d(0))$表示核心 $\boldsymbol{c}$ 的原始相位；$\boldsymbol{c}(t+1)$表示核心 $\boldsymbol{c}$ 在第 t 步同步后的更新相位；$|\boldsymbol{c}(t)|$和$|\boldsymbol{u}|$分别表示核心 $\boldsymbol{c}$ 在第 t 步和核心 $\boldsymbol{u}$ 所代表或所包含的数据点数目，即 Num_ConPoints。

在动态聚类中，如果核心 $\boldsymbol{c}$ 的 Par_CoreId 就是核心 $\boldsymbol{c}$ 本身，并且核心 $\boldsymbol{c}$ 的 Num_ConPoints 等于 1，那么式（6-2）等价于式（4-2）。事实上，在动态聚类中，如果核心 $\boldsymbol{c}$ 被它的父核心代表（这意味着它的父核心的 Num_ConPoints 应该加上$|\boldsymbol{c}(t)|$），那么式（6-2）可以用在 SSynC 算法中来降低聚类所需的时空代价。

定义 6-3　数据集 $D=\{\boldsymbol{x}_1, \boldsymbol{x}_2,\cdots, \boldsymbol{x}_n\}$使用式（6-2）所描述的线性加权的 Vicsek 模型进行同步聚类。如果所有数据点的最终位置满足

$$\text{parent}(\boldsymbol{x}_i(t=T))=\text{RC}_k(T)\quad (i=1, 2,\cdots, n;\ k=1, 2,\cdots, K) \tag{6-3}$$

那么可以认为它们获得了局部同步。

在式（6-3）中，T 是最终同步的次数；K 是最后一次同步根核心的数目；$\text{RC}_k(T)$是最后一次同步的第 k 个根核心；$\text{parent}(\boldsymbol{x}_i(t=T))$是最后一次同步经过路径压缩后核心 $c_i(T)$的父核心。

通常，数据点 $\boldsymbol{x}_i\ (i=1, 2,\cdots,n)$的最终同步位置依赖参数 δ、点 $\boldsymbol{x}$ 和数据集 D 其他点的原始位置。

定义 6-4　数据集 $D=\{\boldsymbol{x}_1, \boldsymbol{x}_2,\cdots, \boldsymbol{x}_n\}$使用式（6-2）描述的线性加权的 Vicsek 模型进行同步聚类，在同步聚类的任何一个步骤中，所有的核心会同步地形成若干棵树。当第 t 步同步聚类的根核心数目与第$(t+1)$步同步聚类的根核心数目相等时，我们将第 t 步同步聚类的根核心与第$(t+1)$步同步聚类的根核心之间的平均差定义为

$$\text{diffInRCs}(t,t+1)=\frac{1}{n_{(t)}}\sum_{k=1}^{n_{(t)}}\text{dist}\left(\text{RC}_k(t).\text{Core\_Loc},\text{RC}_k(t+1).\text{Core\_Loc}\right) \quad (6\text{-}4)$$

式中，$n_{(t)}$是第 t 步同步聚类的根核心数目；$\text{RC}_k(t)$.Core_Loc 是第 t 步同步聚类中第 k 个根核心的位置；dist($\text{RC}_k(t)$.Core_Loc, $\text{RC}_k(t+1)$.Core_Loc)是第 t 步同步聚类中第 k 个根核心的位置与第(t+1)步同步聚类中第 k 个根核心的位置的距离相异性度量。

显然，当根据式（6-4）计算出相邻两步同步聚类的根核心平均差小于某个设定的阈值时，基于式（6-2）的同步聚类就可以判定中止了。

6.2　SSynC 算法的对比与分析

除了使用一个不同的动态聚类模型，SSynC 算法具有与 SynC 算法和 ESynC 算法相似的过程。由式（6-2）描述的同步模型可以用来聚类一个核心集。

6.2.1　SSynC 算法描述

SSynC 算法描述如表 6-1 所示。

表 6-1　SSynC 算法描述

算法 6-1：SSynC 算法
输入：数据集 $D=\{\boldsymbol{x}_1,\boldsymbol{x}_2,\cdots,\boldsymbol{x}_n\}$，距离相异性度量 dist(·, ·) ，参数 δ 和 ε。
输出：最终的核心集 $\boldsymbol{c}(T)=\{c_1(T), c_2(T), \cdots, c_n(T)\}$和 $\boldsymbol{c}(T)$中的根核心数目。
过程：function SSynC (D, δ, ε)
1:　迭代步 t 首先设置为 0，即 $t\leftarrow 0$;
/* 创建初始核心集 $\boldsymbol{c}(t=0)=\{c_1(t=0), c_2(t=0),\cdots, c_n(t=0)\}$ */
2:　**for** $i=1,2,\cdots,n$ **do**
3:　　$c_i(t=0)$.Core_Id $\leftarrow i$;
4:　　$c_i(t=0)$.Core_Loc $\leftarrow \boldsymbol{x}_i$;
5:　　$c_i(t=0)$.Par_CoreId $\leftarrow i$;
6:　　$c_i(t=0)$.Num_ConPoints $\leftarrow 1$;
7:　**end for**
/*创建初始的活跃点集 $P_{\text{act}}(t=0)$ */
8:　$P_{\text{act}}(t=0)\leftarrow\{\boldsymbol{x}_1,\boldsymbol{x}_2,\cdots,\boldsymbol{x}_n\}$;

续表

NumOfActP($t=0$) ← n;

while 动态同步聚类不满足它的收敛条件 **and** $t<20$ **do**

　　for 活跃点集 $P_{act}(t)$中每个点 $\boldsymbol{y}(t)$ **do**

　　　　根据定义 2-1 为活跃点集 $P_{act}(t)$中的数据点 $\boldsymbol{y}(t)$构造 δ 近邻点集 $N_\delta(\boldsymbol{y}(t))$ ；

　　　　使用式（5-2），计算 $\boldsymbol{y}(t)$同步后的更新位置 $\boldsymbol{y}(t+1)$ ；

　　end for　　/* 在本次 **for** 循环后，获得了一个由活跃点集 $P_{act}(t)$中每个数据点 $\boldsymbol{y}(t)$的更新位置 $\boldsymbol{y}(t+1)$组成的更新活跃点集 $P_{act}(t+1)$ */

　　for 活跃点集 $P_{act}(t+1)$中的每个未被标记的点 $\boldsymbol{y}(t+1)$ **do**

　　　　用 $\boldsymbol{y}(t+1)$来更新点 $\boldsymbol{y}(t+1)$所对应的核心的 Core_Loc;

　　　　根据定义 2-1 为点 $\boldsymbol{y}(t+1)$构造 ε 近邻点集 $N_\varepsilon(\boldsymbol{y}(t+1))$ ；

　　　　for 点 $\boldsymbol{y}(t+1)$的 ε 近邻点集 $N_\varepsilon(\boldsymbol{y}(t+1))$中的每个未被标记的点 $\boldsymbol{v}(t+1)$ **do**

　　　　　　将点 $\boldsymbol{v}(t+1)$标记为非活跃点;

　　　　　　将点 $\boldsymbol{y}(t+1)$所对应的核心的 Core_Id 赋值给点 $\boldsymbol{v}(t+1)$所对应的核心的 Par_CoreId;

　　　　　　把点 $\boldsymbol{v}(t+1)$所对应的核心的 Num_ConPoints 加到点 $\boldsymbol{y}(t+1)$所对应的核心的 Num_ConPoints 上;

　　　　end for

　　end for

　　从 $P_{act}(t+1)$中删除所有标记为非活跃的点;　/* 经过这个删除过程，$P_{act}(t+1)$中只包含活跃点，这些活跃点同时是它们的分离森林的根节点 */

　　计算更新后的活跃点集 $P_{act}(t+1)$的未标记点数目并赋值给 NumOfActP($t+1$) ；

　　迭代步 t 加 1，即 t++;

　　if NumOfActP($t+1$) == NumOfActP(t) **and** $P_{act}(t+1)$与 $P_{act}(t)$的差别非常小 **then**　/* NumOfActP($t+1$)等于 NumOfActP(t)意味着更新后的活跃点集 $P_{act}(t+1)$中活跃点的数目等于活跃点集 $P_{act}(t)$中活跃点的数目，$P_{act}(t+1)$与 $P_{act}(t)$的差别可以采用式（6-4）来计算 */

　　　　可以认为这个动态聚类满足了它的收敛条件，因此可以从这个 while 循环中退出来;

　　end if

end while

与数据结构中分离集的压缩操作一样，对核心集 $\boldsymbol{c}(t)$中的非活跃核心进行路径压缩，最终保证叶子核心的最大高度小于或等于 2（注：根核心的高度等于 1）;

最终我们得到一个核心集 $\boldsymbol{c}(T)=\{c_1(T), c_2(T),\cdots, c_n(T)\}$和根核心的数目。这里的 T 是上面 while 循环的次数。最终收敛的核心集 $\boldsymbol{c}(T)$反映了数据集 D 的聚类或孤立点。例如，如果 $\boldsymbol{c}_i(T)$.Core_Id 等于 $\boldsymbol{c}_i(T)$.Par_CoreId，并且 $\boldsymbol{c}_i(T)$.Num_ConPoints 等于 1，那么可以认为第 i 个点是一个孤立点；如果 $\boldsymbol{c}_i(T)$.Core_Id 等于 $\boldsymbol{c}_i(T)$.Par_CoreId，并且 $\boldsymbol{c}_i(T)$.Num_ConPoints 远远大于 1，那么可以认为第 i 个点是一个可以代表一些其他点的聚类核心。

注：参数 ε 小于参数 δ，是一个非常小的实数。通常，如果两个点的距离小于 ε，那么它们应该始终在同一个聚类簇中。

6.2.2 比较 SynC 算法、ESynC 算法和 SSynC 算法的动态同步聚类过程

SynC 算法使用由式（4-1）描述的 EK 模型，它在每次同步更新中使用的都是非线性模型。ESynC 算法使用由式（5-2）描述的 LV 模型，它在每次同步更新中使用的都是线性模型。SSynC 算法使用由式（6-2）描述的线性加权的 Vicsek 模型，它在每次同步更新中使用的都是线性加权模型。

DataType1 由一个 Python 函数在二维区域[−300, 300]×[−300, 300]中生成；DataType2 由一个 C 函数在二维区域[0, 200]×[0, 200]中生成；四种人工数据集（DS1～DS4）由一个 C 函数在二维区域[0,600]×[0,600]中生成；其他类型的人工数据集（DS5～DS16）由类似的 C 函数在每个维度[0,600]范围内生成。

图 6-1 使用 DataType1 生成的 1000 个数据点来比较 SynC 算法、ESynC 算法和 SSynC 算法的同步聚类演变轨迹。图 6-2（a）使用 DataType2 生成的 1000 个数据点来比较三种算法的聚类序参量 r_c 在 $t(t: 0\sim20)$步上的值；图 6-2（b）比较了三种算法的 t 步平均边长在 $t(t: 0\sim20)$步上的值；图 6-2（c）比较了三种算法的最终聚类数目与参数 δ（δ:1～100）的关系。

在图 6-1（a）～（g）中，DataType1 创建的数据集有 1000 个数据点，将三种算法中的参数 δ 设置为 40，SSynC 算法中的参数 ε 设置为 0.0000000001。从图 6-1 中可以观察到 ESynC 算法和 SSynC 算法的局部同步效果比 SynC 算法要好。

在图 6-2 中，DataType2 创建的数据集有 1000 个数据点，将 SSynC 算法中的参数 ε 设置为 1。在图 6-2（a）和图 6-2（b）中，将三种算法的参数 δ 均设置为 18。从图 6-2（a）和图 6-2（b）中可以观察到，在度量最终的同步结果上，t 步平均边长比聚类序参量更好。从图 6-2（c）中可以观察到，SynC 算法、ESynC 算法和 SSynC 算法中的参数 δ 设置得越小，最终的聚类数目越多。对于许多具有明显聚类结构的数据集，当参数 δ 在它的有效范围内取任意一个值时，ESynC 算法和 SSynC 算法经常能够获得正确的聚类数目；当参数 δ 在一段很长的范围内取任意一个值时，SynC 算法获得的聚类数目经常比实际聚类数目要多。

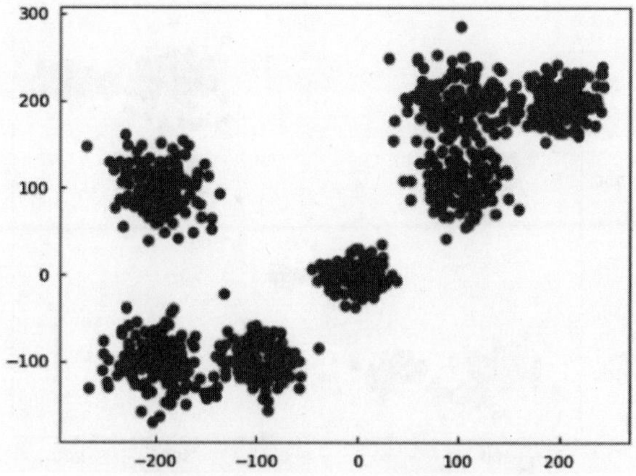

（a）$t=0$（来自 DataType1 的 1000 个数据点的原始位置）

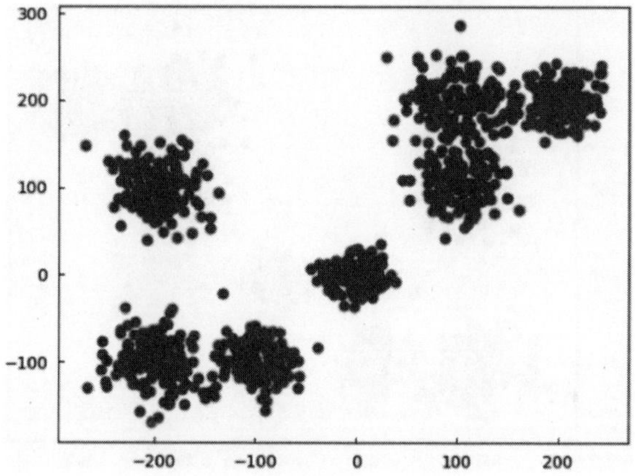

（b-1）SynC 算法，$t=1$

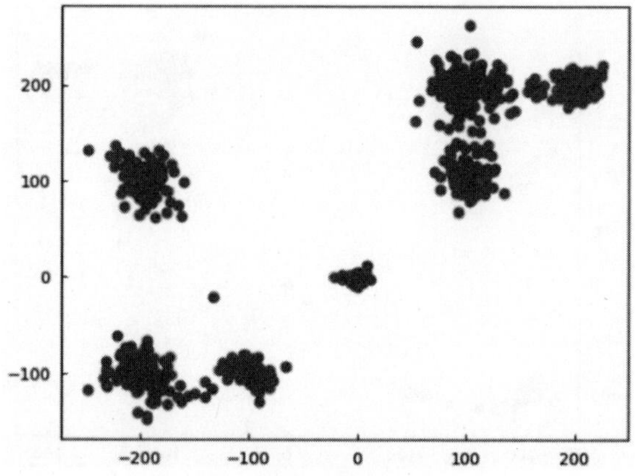

（b-2）ESynC 算法，$t=1$

图 6-1　SynC 算法、ESynC 算法和 SSynC 算法的同步聚类演变轨迹比较

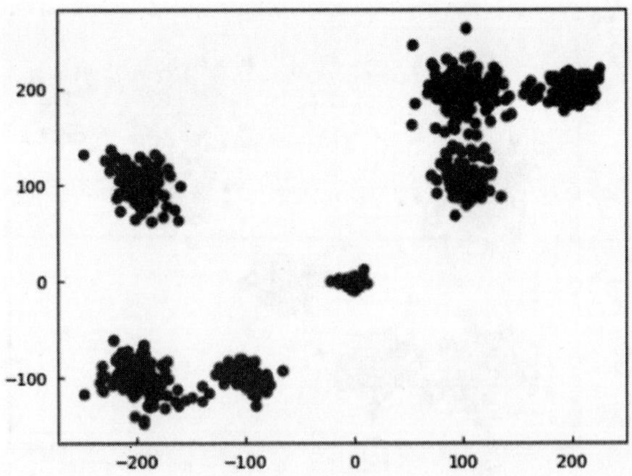

（b-3）SSynC 算法，$t = 1$

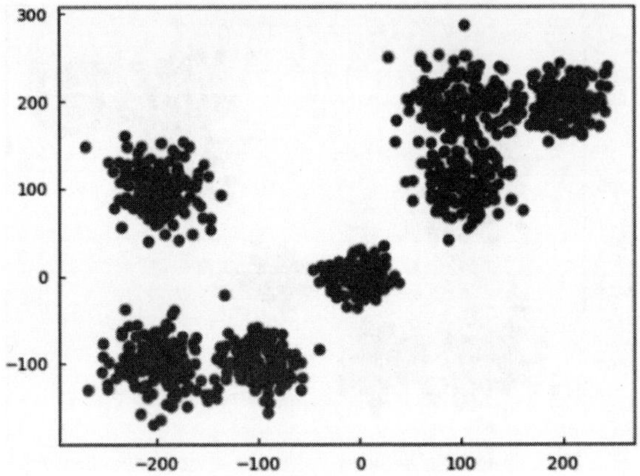

（c-1）SynC 算法，$t = 2$

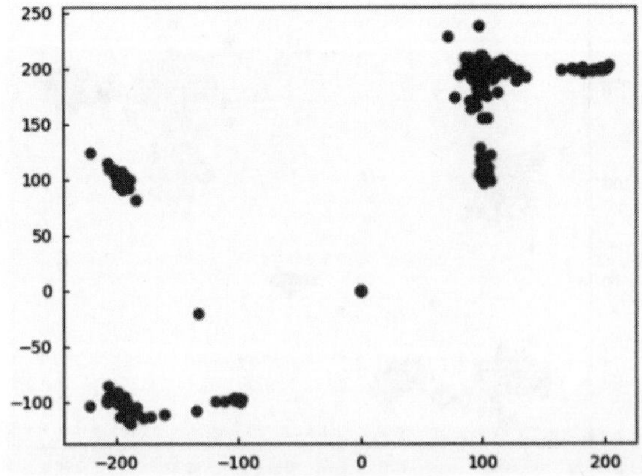

（c-2）ESynC 算法，$t = 2$

图 6-1　SynC 算法、ESynC 算法和 SSynC 算法的同步聚类演变轨迹比较（续）

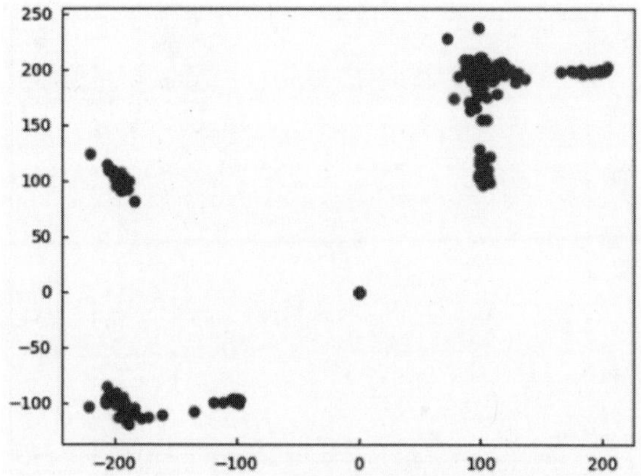

（c-3）SSynC 算法，$t=2$

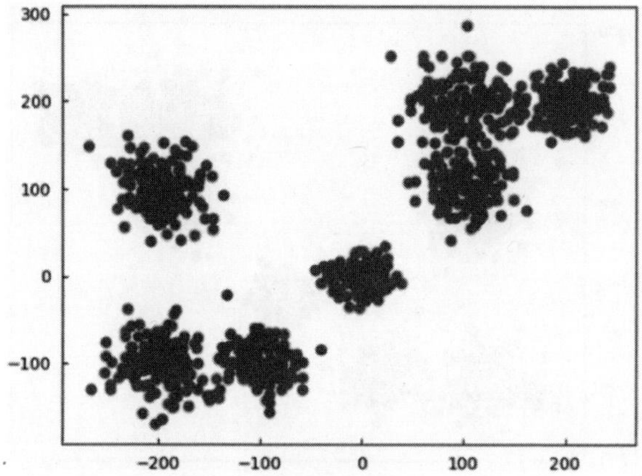

（d-1）SynC 算法，$t=3$

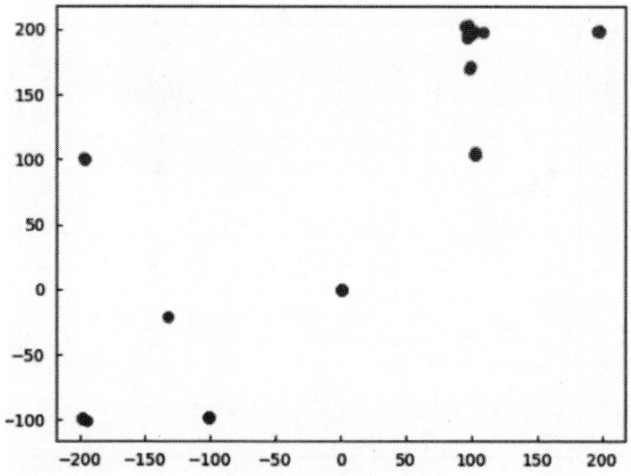

（d-2）ESynC 算法，$t=3$

图 6-1　SynC 算法、ESynC 算法和 SSynC 算法的同步聚类演变轨迹比较（续）

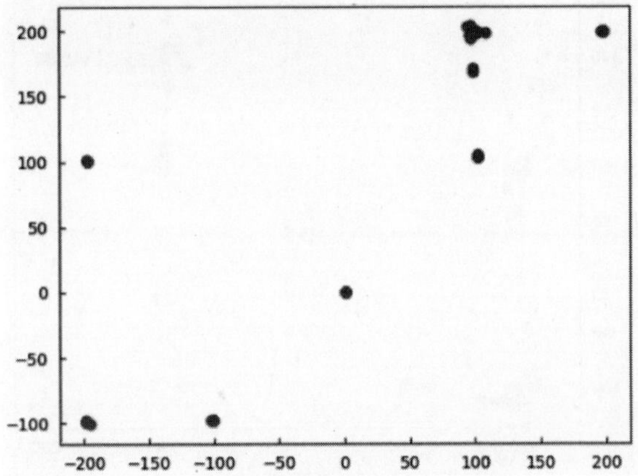

（d-3）SSynC 算法，$t = 3$

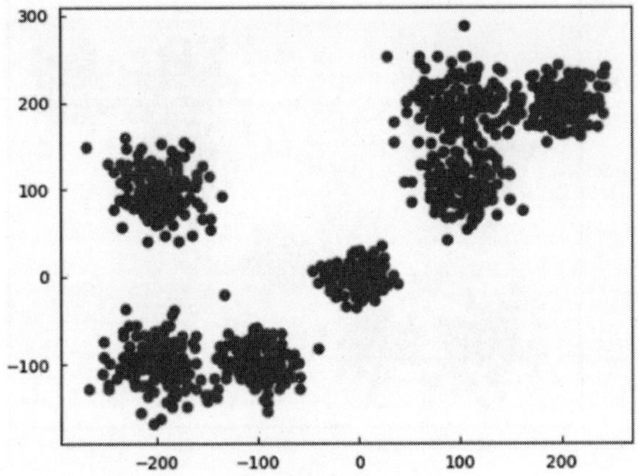

（e-1）SynC 算法，$t = 4$

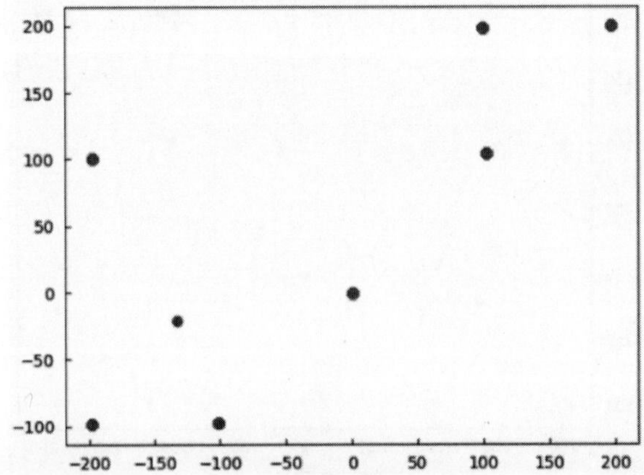

（e-2）ESynC 算法，$t = 4$

图 6-1　SynC 算法、ESynC 算法和 SSynC 算法的同步聚类演变轨迹比较（续）

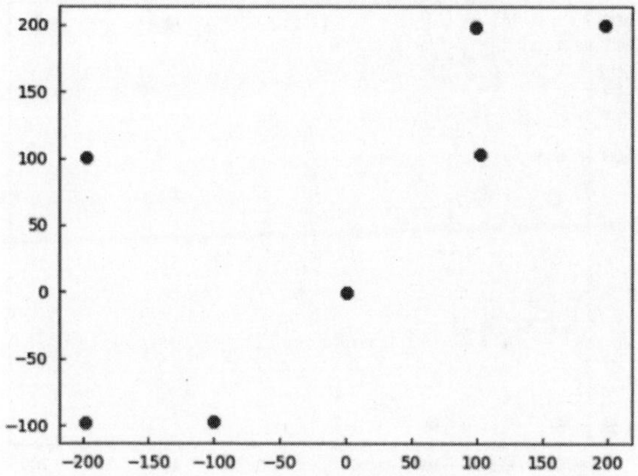

（e-3）SSynC 算法，$t = 4$

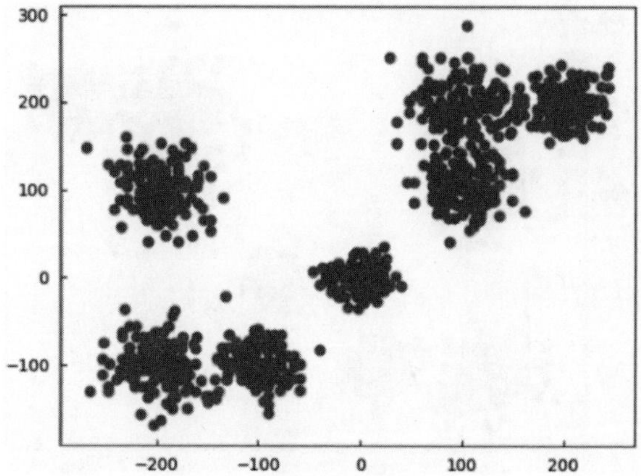

（f-1）SynC 算法，$t = 5$

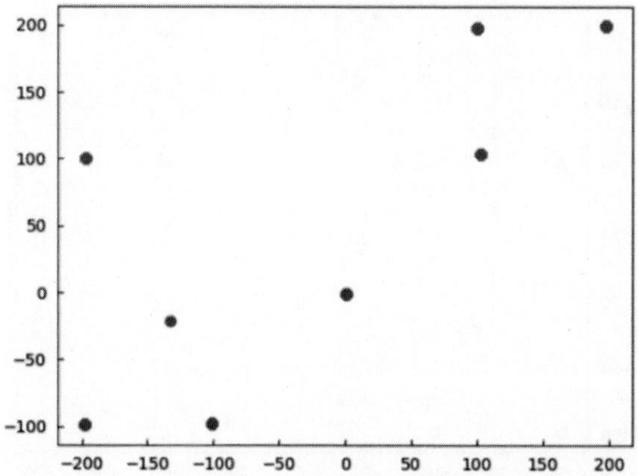

（f-2）ESynC 算法，$t = 5$

图 6-1　SynC 算法、ESynC 算法和 SSynC 算法的同步聚类演变轨迹比较（续）

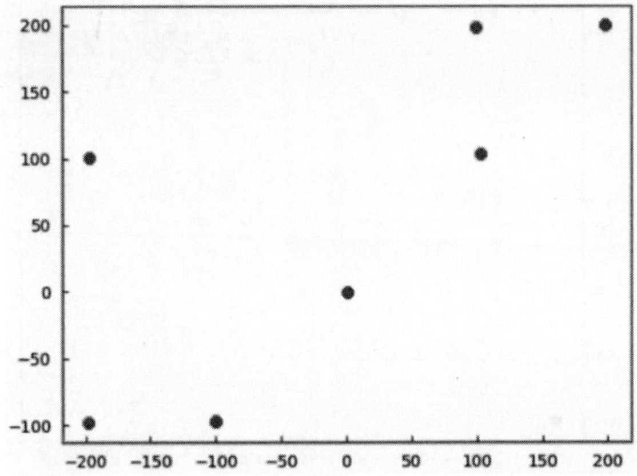

（f-3）SSynC 算法，$t = 5$

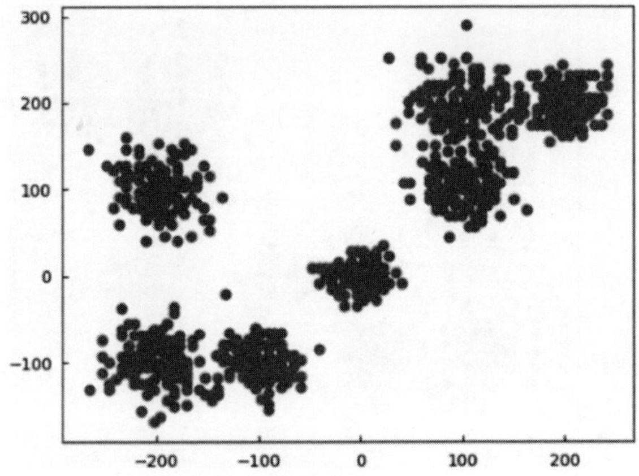

（g-1）SynC 算法，$t = 20$

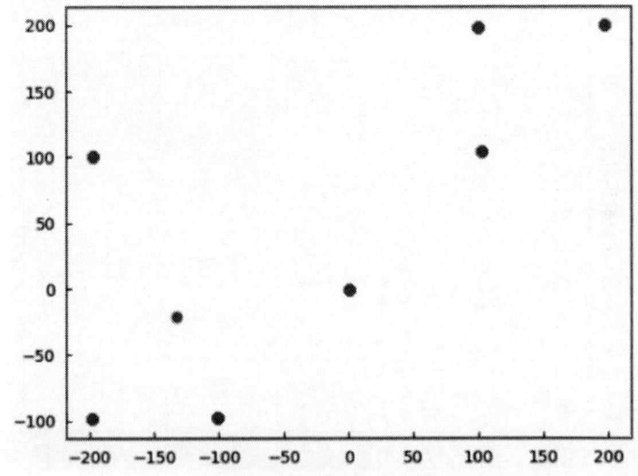

（g-2）ESynC 算法，$t = 20$

图 6-1　SynC 算法、ESynC 算法和 SSynC 算法的同步聚类演变轨迹比较（续）

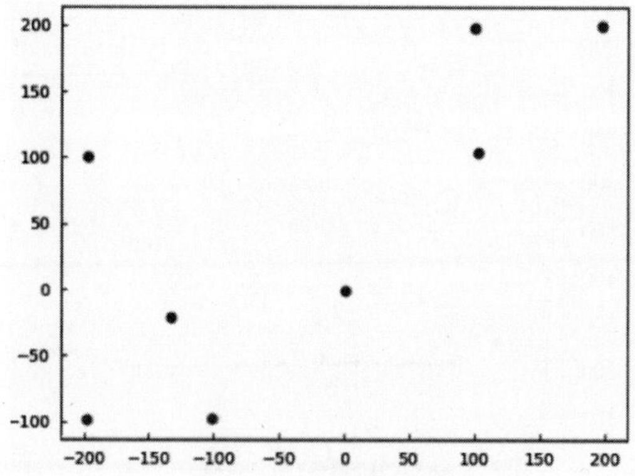

（g-3）SSynC 算法，$t = 20$

图 6-1　SynC 算法、ESynC 算法和 SSynC 算法的同步聚类演变轨迹比较（续）

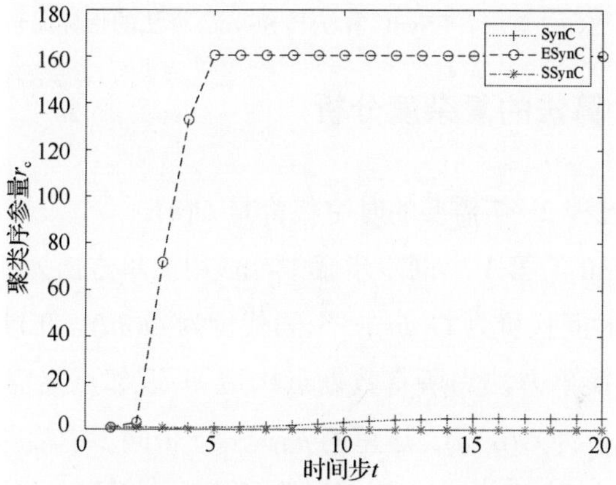

（a）三种算法的聚类序参量 r_c 在 t (t: 0～20)步上的值

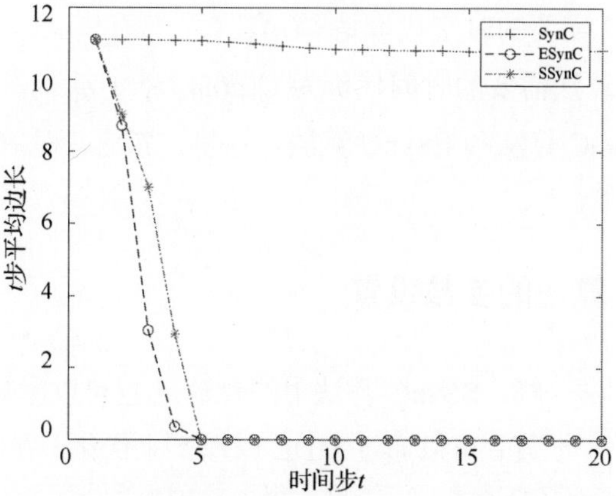

（b）三种算法的 t 步平均边长在 t (t: 0～20)步上的值

图 6-2　SynC 算法、ESynC 算法和 SSynC 算法的指标比较

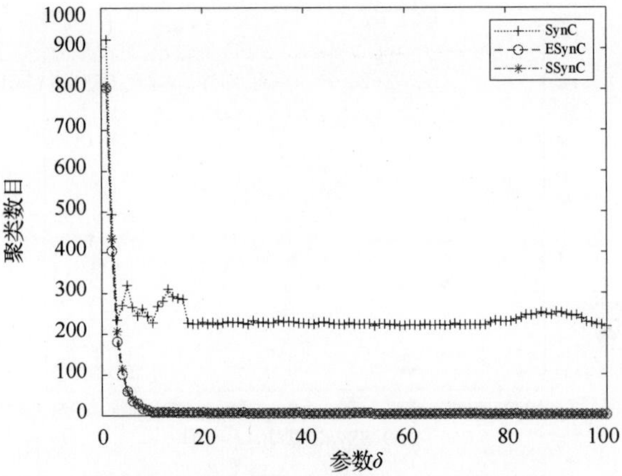

（c）三种算法的聚类数目与参数 δ (δ: 1～100)的关系

图 6-2　SynC 算法、ESynC 算法和 SSynC 算法的指标比较（续）

6.2.3　SSynC 算法的复杂度分析

算法 6-1 的过程 2～7 需要的时空代价是 $O(n)$。

在过程 10～30 的第 1 个同步步骤中，使用简单方法为所有数据点构造 δ 近邻点集需要的时间代价为 $O(dn^2)$，空间代价为 $O(nd)$。在过程 10～30 的第 t 个同步中，使用简单方法为所有数据点构造 δ 近邻点集需要的时间代价为 $O(dn_{(t)}^2)$，空间代价为 $O(n_{(t)}d)$。这里的 $n_{(t)}$是第 t 个同步中活跃核心的数目。如果使用“空间换时间”的策略，则可以降低构造 δ 近邻点集的时间代价。

过程 31 和 32 需要的时空代价是 $O(n)$。

所以 SSynC 算法需要的时间代价为 $O(d(n_{(t=0)}^2 + n_{(t=1)}^2 +\cdots+ n_{(t=T-1)}^2)) < O(Tdn^2)$，低于 SynC 算法和 ESynC 算法。这里，T 是过程 10～30 中 while 循环的次数。

6.2.4　SSynC 算法的参数设置

与 ESynC 算法一样，SSynC 算法中的参数 δ 也可以影响数据集的聚类结果。在文献[19]中，参数 δ 可以通过 MDL 原理[40]来优化。在文献[77]中，提出了两种其他的方法来估计参数 δ。这里，我们根据定理 5-1 和性质 5-1 来设置参数 δ。

参数 ε 对 SSynC 算法的时间代价影响很小。在文献[78]的仿真实验中，对

于参数 ε 的多个不同取值（如 0.00001、0.0001、0.001、0.01、0.1、1、10），除时间代价外，它们的聚类结果相同。通常，参数 ε 越大， SSynC 算法的时间代价就越低。

图 6-3 给出了 SSynC 算法在 4 个数据集上活跃核心数目的同步演化情况。在图 6-3 中，将参数 δ 设置为 22，参数 ε 设置为 0.00001 和 1，4 个数据集的数据点数目设置为 2000。从图 6-3 中可以观察到，不同的数据集在同步演化过程中有着不同的活跃核心数目。

图 6-4 给出了当参数 ε 取值不同时 SSynC 算法中的活跃核心数目的同步演化情况。在图 6-4 中，将 DS1 和 DS3 中的参数 δ 设置为 18，DS2 中的参数 δ 设置为 20，DS4 中的参数 δ 设置为 22，参数 ε 分别设置为 7 个不同的值（0.00001、0.0001、0.001、0.01、0.1、1、10），4 个数据集的数据点数目设置为 2000。限于篇幅，图 6-4（c）和图 6-4（d）不在这里列出。从图 6-4 中可以观察到，参数 ε 可以影响同步演化过程中的活跃核心数目，从而影响 SSynC 算法的时间代价。

图 6-5 给出了当参数 δ 取值不同时 SSynC 算法中的活跃核心数目的同步演化情况。在图 6-5 中，将参数 δ 分别设置为 6 个不同的值（16、20、24、28、32、36），参数 ε 设置为 1，4 个数据集的数据点数目设置为 2000。限于篇幅，图 6-5（c）和图 6-5（d）不在这里列出。从图 6-5 中可以观察到，参数 δ 可以影响同步演化过程中的活跃核心数目，从而影响 SSynC 算法的时间代价。

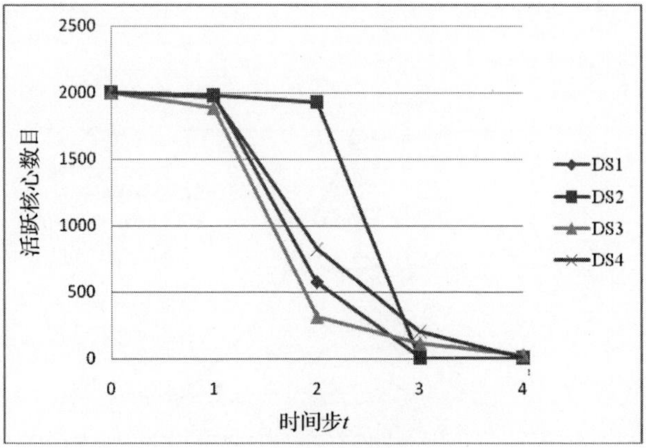

（a）参数 $\varepsilon = 0.00001$

图 6-3　SSynC 算法在 4 个数据集上活跃核心数目的同步演化情况

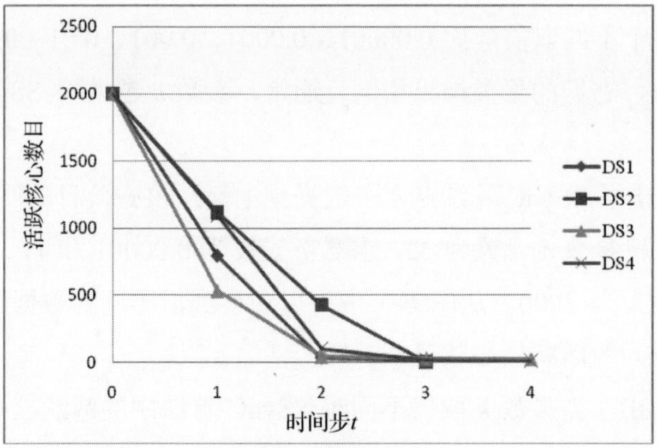

（b）参数 $\varepsilon=1$

图 6-3　SSynC 算法在 4 个数据集上活跃核心数目的同步演化情况（续）

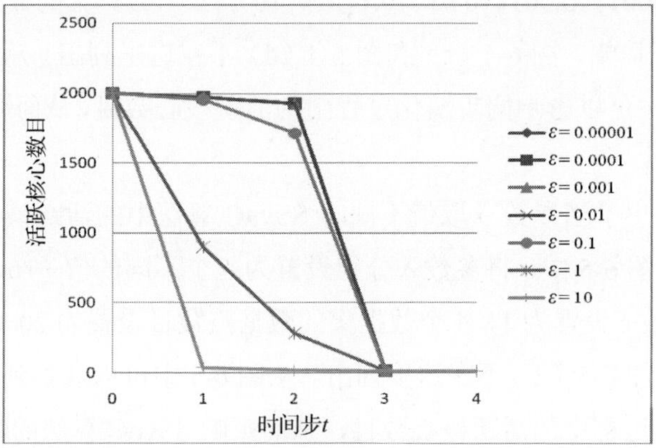

（a）DS1

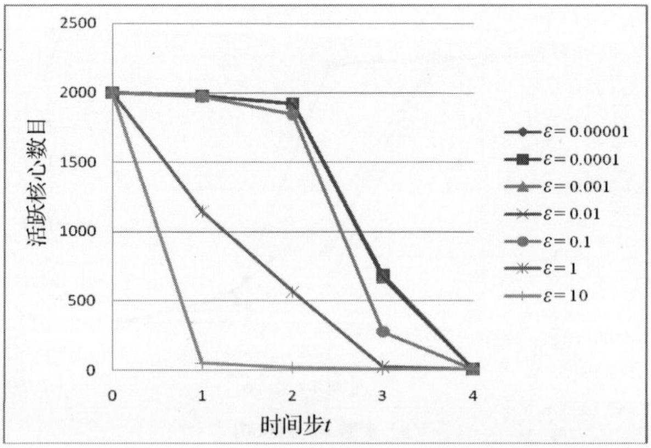

（b）DS2

图 6-4　参数 ε 取值不同时 SSynC 算法中的活跃核心数目的同步演化情况

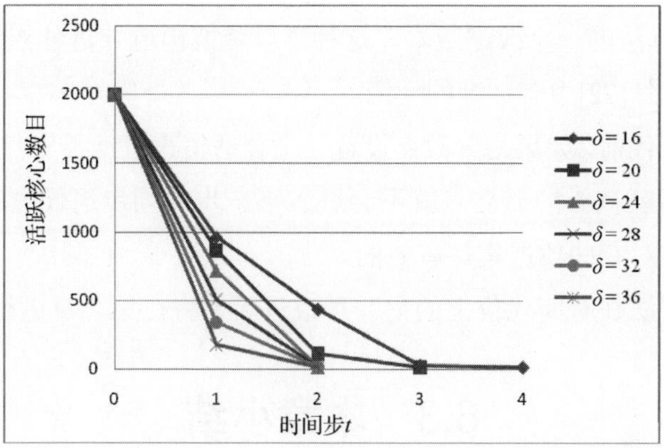

（a）DS1

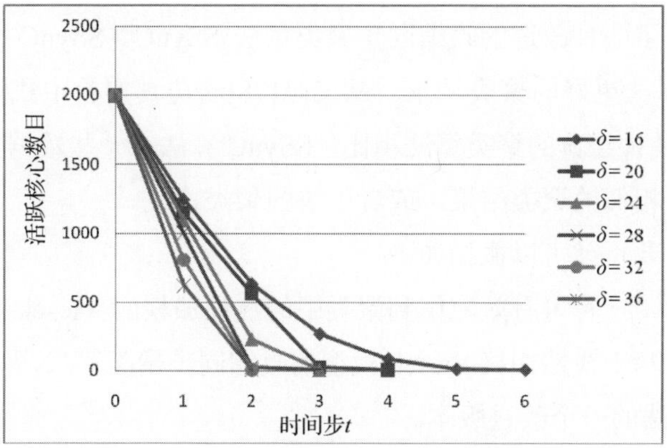

（b）DS2

图 6-5　参数 δ 取值不同时 SSynC 算法中的活跃核心数目的同步演化情况

6.2.5　SSynC 算法的收敛性

SSynC 算法的更新计算与 ESynC 算法类似。在 SSynC 算法的所有仿真实验中，几次迭代后（许多仿真只需 4、5 次），最终的核心集 $\boldsymbol{c}(T)=\{c_1(T), c_2(T),\cdots, c_n(T)\}$ 中的所有根节点都将稳定下来而不再移动。在最终的核心集 $\boldsymbol{c}(T)$中，那些代表一些数据点的根核心可以看作聚类中心，那些只代表一个或几个数据点的根核心就是孤立点的最终同步位置。

6.2.6　SSynC 算法的改进

通过组合多维网格划分法和红黑树来构造所有核心的 δ 近邻点集，从而获得 SSynC 算法的一个改进版本。这种可以降低构造 δ 近邻点集时间代价的改进算法在文献[72]中有详细的介绍。

在同步迭代前，如果为参数 δ 设置一个合适值来过滤孤立点，那么这些原本会成为非活跃核心的孤立点就不会进入下一步的同步迭代过程。这种实现细节上的改进对有些数据集是有效的。

SSynC 算法在时间代价上的另一种改进版本将在第 7 章进行介绍。

6.3 本章小结

本章提出了一种改进的收缩同步聚类算法 SSynC。SSynC 算法经常能得到比 SynC 算法更好的聚类结果。从文献[78]的仿真实验中我们观察到，与 SynC 算法和几种经典的聚类算法相比，SSynC 算法在一些数据集上经常可以得到更好的或相似的聚类结果，或者更快的聚类速度。

本章的主要贡献可以概括如下。

（1）提出了一种可有效应用到聚类中的线性加权的 Vicsek 模型，进而提出了一种称为基于线性加权 Vicsek 模型的收缩同步聚类算法，即 SSynC 算法。它是 SynC 算法的一个改进版本。

（2）文献[78]的仿真实验不仅证实了 SSynC 算法对于 SynC 算法在时间代价和聚类质量上的改进效果，还证实了 SSynC 算法在保持相似聚类质量的同时，在时间代价上对于 ESynC 算法的改进效果。

（3）验证了一个称为 t 步平均边长的指标能有效刻画 SSynC 算法的局部同步程度。

第 7 章　基于分而治之框架与收缩同步聚类算法的多层同步聚类方法

在大数据环境下，多数聚类算法不能在内存中一次性处理海量数据。为了克服这个难题，本章提出了类似 MapReduce 框架的面向大数据的多层同步聚类方法（Multi-Level Synchronization Clustering Method，MLSynC）。

MLSynC[74]使用了分而治之框架和基于线性加权的 Vicsek 模型。MLSynC 中的分而治之框架是分治策略在聚类领域的一个应用。MLSynC 使用 SSynC 算法的基于线性加权的 Vicsek 模型，这个模型可以自然地将聚类结果几乎不变形地叠加，所以可以很容易地将 MLSynC 应用到大数据的聚类分析中。从文献[74]的仿真实验结果来看，MLSynC 比 SSynC 算法更为高效。可以认为，MLSynC 是一种面向大数据的很有应用前景的同步聚类算法框架。

MapReduce 是一个用于在集群上处理海量数据的并行、分布式编程框架。在 MapReduce 框架中，划分—映射—融合的过程对最终的聚类结果影响很大，所以它并不能直接应用到聚类分析中。MLSynC 的最终聚类结果与大数据集的划分结果有关。当对大数据集划分的结果合适时，本章提出的 MLSynC 可以很好地应用到大数据的聚类分析中。

本章的工作是受到文献[19, 50, 55, 57]和分治策略的启发而开展的。

7.1　MLSynC

7.1.1　使用 MLSynC 的条件

图 7-1 比较了在 MLSynC 中使用一种随机方法和一种直接方法划分一个数据集后得到的聚类结果。在图 7-1 中，数据点数目 $n=800$，参数 $\delta=30$。从图 7-1 中可以观察到，如果划分后的数据子集具有大体一致的分布结构，那么

MLSynC 与 SSynC 算法得到的聚类结果将十分相似。如果划分后的数据子集的分布结构差别很大，而且划分后的聚类结构割裂了数据集的聚类结构，那么 MLSynC 与 SSynC 算法得到的聚类结果将有较大的差别。

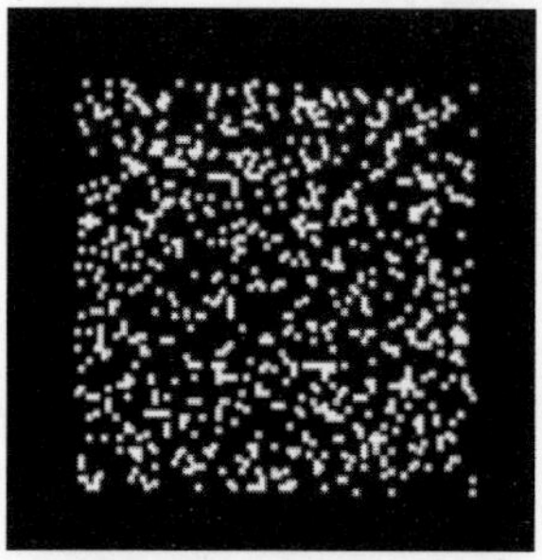

（a）原始的 800 个数据点（$t=0$）

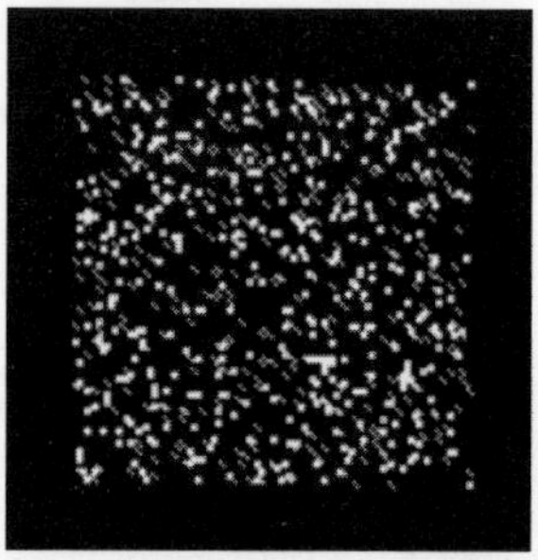

（b）使用一种随机方法将 800 个数据点划分为两个部分（part 1 使用像素为 1 的矩形绘制，part 2 使用像素为 1 的直线绘制）（$t=0$）

（c）使用 SSynC 算法得到的 part 1 的聚类结果（$t=2$、8、9）

（d）使用 SSynC 算法得到的 part 2 的聚类结果（$t=2$、8、9）

（e）使用 MLSynC 得到的 800 个数据点的聚类结果

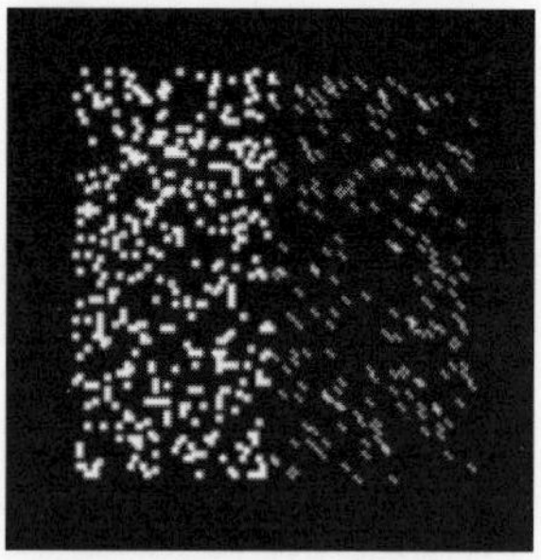

（f）使用一种直接截断的方法将 800 个数据点划分为两个部分（part 1 使用像素为 1 的矩形绘制，part 2 使用像素为 1 的直线绘制）（$t=0$）

图 7-1　使用 MLSynC 的条件

（g）使用 SSynC 算法得到的 part 1 和 part 2 的聚类结果（$t=1$、6），

同时是使用 MLSynC 得到的 800 个数据点的聚类结果

图 7-1　使用 MLSynC 的条件（续）

7.1.2　MLSynC 的两层框架算法描述

MLSynC 的聚类过程与 SynC 算法[19]、ESynC 算法[71]和 SSynC 算法[78]的聚类过程不同。图 7-2 所示为 MLSynC 的两层框架。在图 7-2 中，如果 m 太大，那么 MLSynC 的两层框架应该修改为三层（或四层及以上）框架。从图 7-2 中可以观察到，MLSynC 是一种基于 SSynC 算法的多聚类器的自然集成框架。特别地，MLSynC 具有良好的增量聚类能力。例如，如果图 7-2 中的 $D_1, D_2, \cdots, D_m$ 都是只包含一个数据点的集合，那么这种两层框架就成为一种增量聚类器。

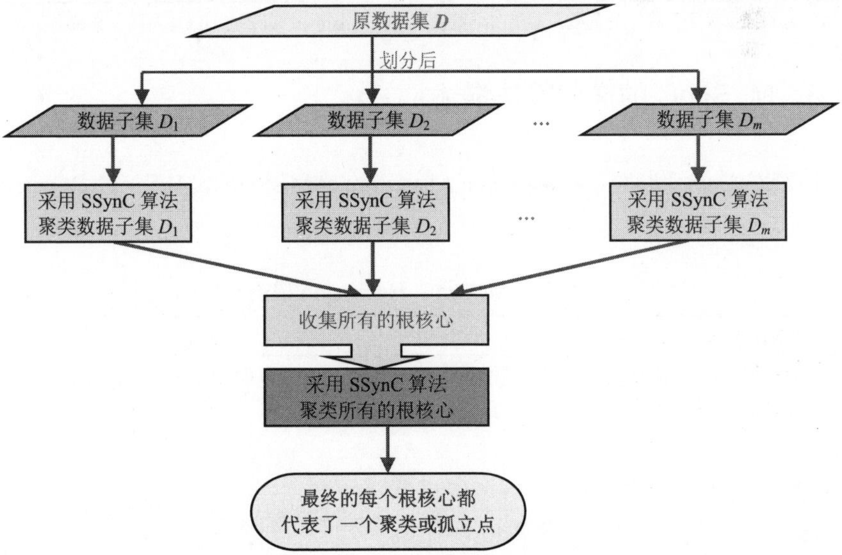

图 7-2　MLSynC 的两层框架

MLSynC 的两层框架算法（Two_Level Framework Algorithm of MLSynC，MLSynC_TwoLevel）描述如表 7-1 所示。

表 7-1　MLSynC_TwoLevel 描述

算法 7-1：MLSynC_TwoLevel
输入：数据集 $D = \{\boldsymbol{x}_1, \boldsymbol{x}_2, \cdots, \boldsymbol{x}_n\}$，距离相异性度量 dist(·, ·)，近邻阈值参数集$\{\delta_1, \delta_2, \cdots, \delta_m, \delta_{\mathrm{merge}}\}$，划分子集数目 m，参数 ε。
输出：数据集 D 的最终收敛结果。
过程：Procedure MLSynC_TwoLevel($D, \delta, m, \varepsilon$)
1:　将从一个文件或数据库中读取的数据集 $D = \{\boldsymbol{x}_1, \boldsymbol{x}_2, \cdots, \boldsymbol{x}_n\}$划分为 m 个子集$\{D_1, D_2, \cdots, D_m\}$；　/* 通常，应该满足 $D = D_1 \cup D_2 \cup \cdots \cup D_m$ */
2:　int NumOfClusters[m];　　/* 数组 NumOfClusters 用来保存每个子集聚类后的聚类数目 */
/*使用 SSynC 算法对$\{D_1, D_2, \cdots, D_m\}$中的每个子集进行聚类分析 */
3:　**for** $i = 1, 2, \cdots, m$ **do**
4:　　NumOfClusters[i] ← SSynC(subset D_i, float δ_i, float ε);
5:　**end for**
6:　收集 m 个子集$\{D_1, D_2, \cdots, D_m\}$经过 SSynC 算法聚类的所有根核心，将这些根核心创建为一个新的集合 D_{Cores}；
/* 使用 SSynC 算法对集合 D_{Cores} 进行聚类分析 */
7:　int FinalNumOfClusters ← SSynC(CoreSet D_{Cores}, float δ_{merge}, float ε);
8:　集合 D_{Cores} 经过 SSynC 算法聚类得到的核心树（经过路径压缩，最多只有两层）反映了数据集 D 的聚类结果。 /* 其中，核心树的根核心代表数据集 D 的聚类中心或孤立点 */

注：参数 ε 是一个非常小的实数。如果两个数据点的距离小于 ε，那么它们应该在同一个聚类中。

7.1.3　MLSynC 的递归算法描述

MLSynC 的递归算法（Recursive Algorithm of MLSynC，MLSynC_Recursion）描述如表 7-2 所示。

表 7-2　MLSynC_Recursion 描述

算法 7-2：MLSynC_Recursion
输入：数据集 $D = \{\boldsymbol{x}_1, \boldsymbol{x}_2, \cdots, \boldsymbol{x}_n\}$，距离相异性度量 dist(·, ·)，近邻阈值参数集$\{\delta_1, \delta_2, \cdots, \delta_m, \delta_{\mathrm{merge}}\}$，划分子集数目参数 m，参数 ε。
输出：数据集 D 的最终收敛结果。
过程：Procedure MLSynC_Recursion($D, \delta, m, \varepsilon$)
1:　根据式（6-1），为数据集 $D = \{\boldsymbol{x}_1, \boldsymbol{x}_2, \cdots, \boldsymbol{x}_n\}$创建一个初始核心集 $D_{\mathrm{InitCores}}$；
2:　调用二分递归函数 Binary_Recursion(InputData $D_{\mathrm{InitCores}}$, int n_{First}, int n_{Last}, OutputData $D_{\mathrm{ResultCores}}$);

续表

二分递归函数 Binary_Recursion 的参数 $D_{\mathrm{ResultCores}}$ 可以表示数据集 $D = \{\boldsymbol{x}_1, \boldsymbol{x}_2, \cdots, \boldsymbol{x}_n\}$ 的聚类或孤立点。

过程 2 调用的二分递归函数定义如下：

/* Binary_Recursion 是一个二分递归函数，能处理内存中或磁盘上的海量数据。初始核心集 $D_{\mathrm{InitCores}}$ 是该算法的输入，意味着可以从磁盘上逐步载入内存。n_{First} 是 $D_{\mathrm{InitCores}}$ 中第一个记录的标号或索引，n_{Last} 是 $D_{\mathrm{InitCores}}$ 中最后一个记录的标号或索引。$D_{\mathrm{ResultCores}}$ 被用来存储 $D_{\mathrm{InitCores}}$ 的聚类结果，可以表示聚类或孤立点 */

int Binary_Recursion(InputData $D_{\mathrm{InitCores}}$, int n_{First}, int n_{Last}, OutputData $D_{\mathrm{ResultCores}}$)

Begin

　if $(n_{\mathrm{Last}} - n_{\mathrm{First}}) > n_{\mathrm{FitNum}}$ **then**　/* 参数 n_{FitNum} 是一个预先设定的阈值，或者是计算机系统能够直接在内存中处理的数据的最大量 */

　　int $n_{\mathrm{MidLoc}} \leftarrow$ Divide_InitCS($D_{\mathrm{InitCores}}$, n_{First}, n_{Last});　/* 函数 Divide_InitCS 将 $D_{\mathrm{InitCores}}$ 划分为两个部分。该函数的返回值记录 $D_{\mathrm{InitCores}}$ 的中间位置 */

　　int $n_{\mathrm{PartOneCores}} \leftarrow$ Binary_Recursion($D_{\mathrm{InitCores}}$, n_{First}, n_{MidLoc}, $D_{\mathrm{PartOneOutputCores}}$);

　　int $n_{\mathrm{PartTwoCores}} \leftarrow$ Binary_Recursion($D_{\mathrm{InitCores}}$, $n_{\mathrm{MidLoc}} + 1$, n_{Last}, $D_{\mathrm{PartTwoOutputCores}}$);

　　InputData $D_{\mathrm{NewInputCores}} \leftarrow D_{\mathrm{PartOneOutputCores}} \cup D_{\mathrm{PartTwoOutputCores}}$;/* 通过直接合并 $D_{\mathrm{PartOneOutputCores}}$ 和 $D_{\mathrm{PartTwoOutputCores}}$，得到 $D_{\mathrm{NewInputCores}}$ */

　　int $n_{\mathrm{ResultCores}} \leftarrow$ SSynC($D_{\mathrm{NewInputCores}}$, $n_{\mathrm{PartOneCores}} + n_{\mathrm{PartTwoCores}}$, $D_{\mathrm{ResultCores}}$);　/* SSynC 算法对 $D_{\mathrm{NewInputCores}}$ 进行聚类分析，表示聚类或孤立点的 $D_{\mathrm{ResultCores}}$ 被用来存储 $D_{\mathrm{NewInputCores}}$ 的聚类结果。该函数的返回值记录聚类和孤立点的总数目 */

　else

　　int $n_{\mathrm{ResultCores}} \leftarrow$ SSynC($D_{\mathrm{InitCores}}$, $n_{\mathrm{Last}} - n_{\mathrm{First}}$, $D_{\mathrm{ResultCores}}$);　/* SSynC 算法直接对 $D_{\mathrm{InitCores}}$ 进行聚类分析 */

　end if

　return $n_{\mathrm{ResultCores}}$;

End

7.2 MLSynC 的分析

7.2.1 比较 SynC 算法、ESynC 算法、SSynC 算法和 MLSynC 的同步聚类过程

SynC 算法使用由式（4-1）描述的 EK 模型，它在每次同步更新中使用的都是非线性模型。ESynC 算法使用由式（5-2）描述的 LV 模型，它在每次同步更新中使用的都是线性模型。SSynC 算法使用由式（6-2）描述的线性加权

Vicsek 模型，它在每次同步更新中使用的都是线性加权模型。MLSynC 使用分而治之框架和线性加权 Vicsek 模型。

图 7-3 使用 2000 个数据点来比较 SynC 算法、ESynC 算法、SSynC 算法和 MLSynC 的同步聚类演变轨迹。数据集是来自 DS0 的 2000 个数据点，将这四种算法中的参数 δ 都设置为 18，将 SSynC 算法和 MLSynC 中的参数 ε 设置为 1。在 MLSynC 中，将参数 m 设置为 10，选择 MLSynC_TwoLevel。图 7-3（a-2）、图 7-3（b-4）、图 7-3（c-4）、图 7-3（d-4）和图 7-3（e-4）是 MLSynC 在收集阶段（算法 7-1 的过程 3 和 4）的演化图示。

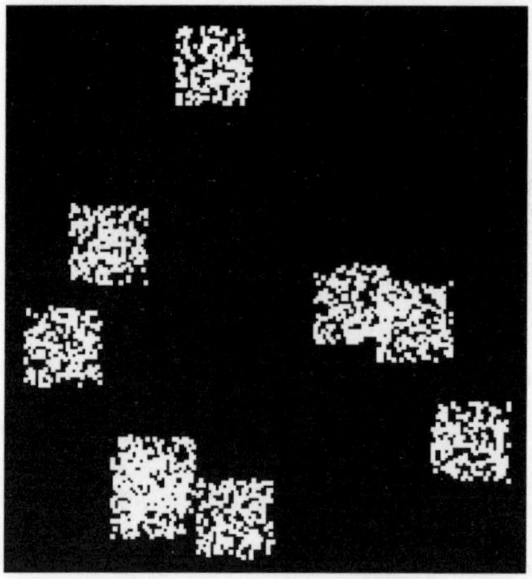

（a-1）$t=0$（来自 DS0 的 2000 个数据点的原始位置）

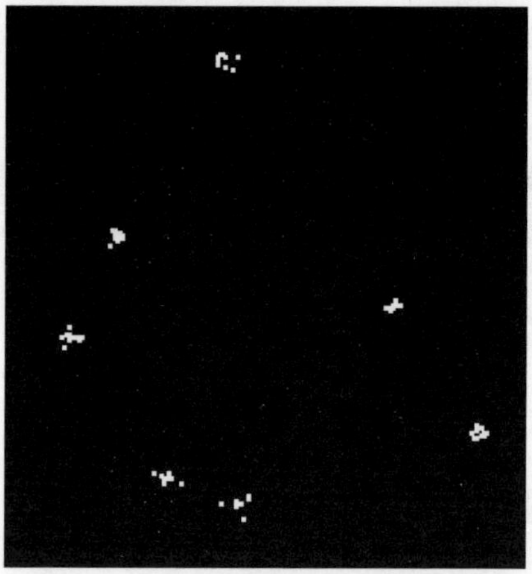

（a-2）MLSynC，$t=0$

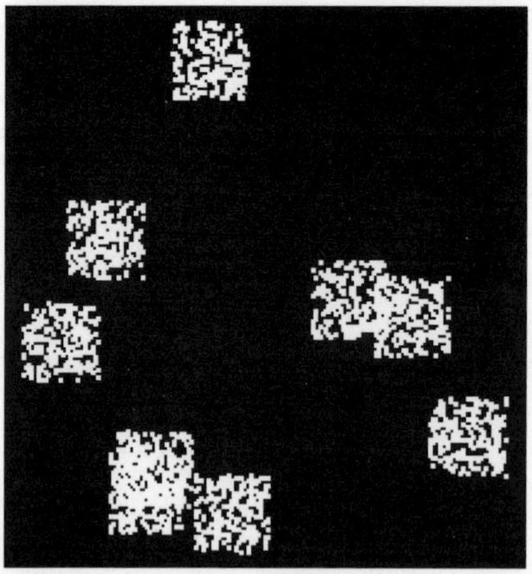

（b-1）SynC 算法，$t=1$

（b-2）ESynC 算法，$t=1$

图 7-3　SynC 算法、ESynC 算法、SSynC 算法和 MLSynC 的同步聚类演变轨迹比较

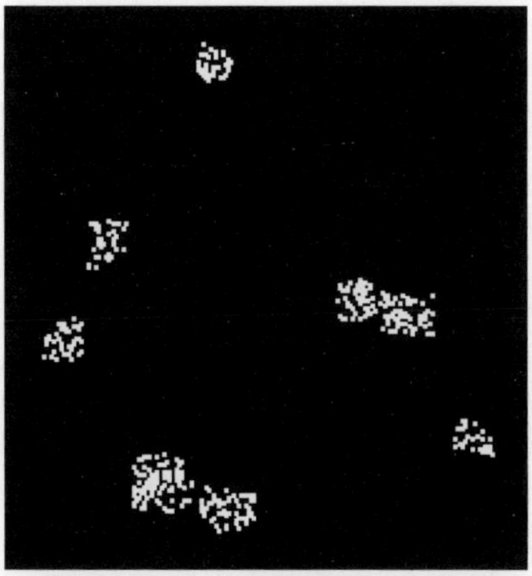

（b-3）SSynC 算法，$t=1$

（b-4）MLSynC，$t=1$

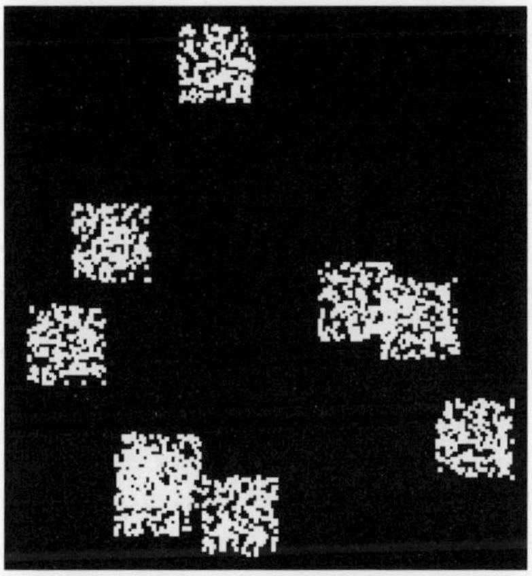

（c-1）SynC 算法，$t=2$

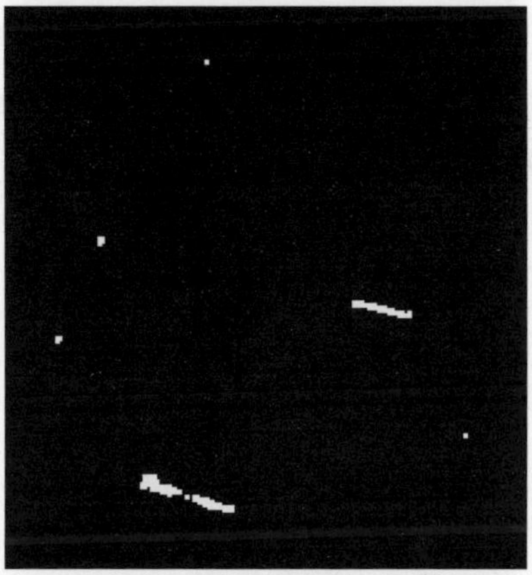

（c-2）ESynC 算法，$t=2$

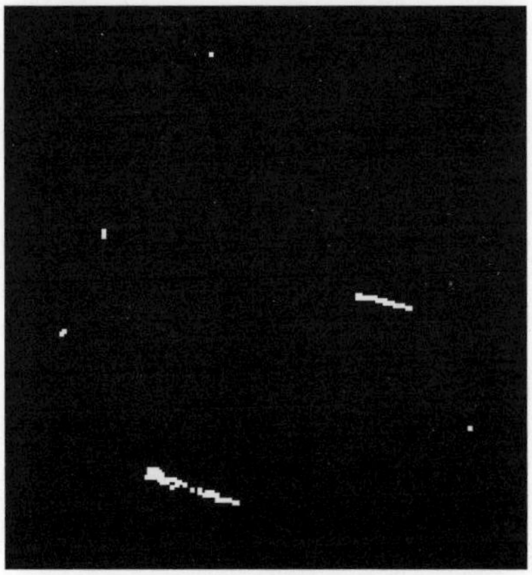

（c-3）SSynC 算法，$t=2$

（c-4）MLSynC，$t=2$

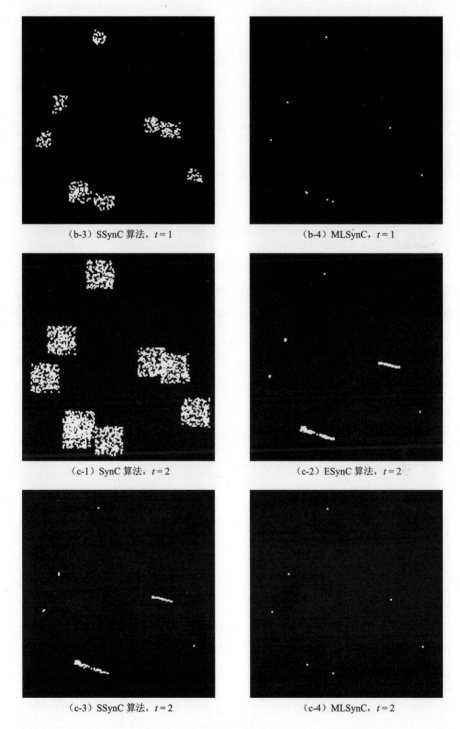

图 7-3　SynC 算法、ESynC 算法、SSynC 算法和 MLSynC 的同步聚类演变轨迹比较（续）

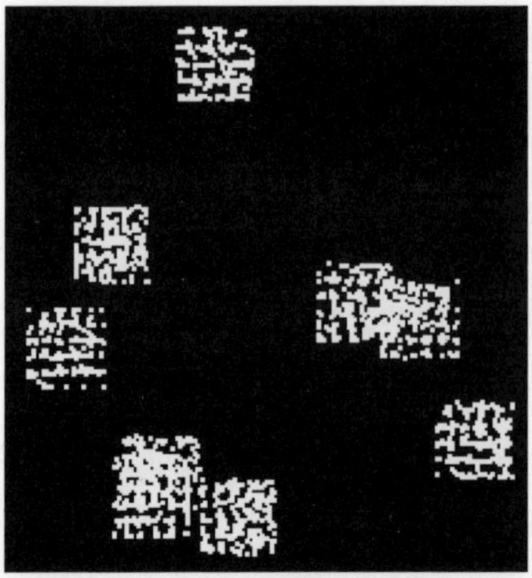

（d-1）SynC 算法，$t=5$

（d-2）ESynC 算法，$t=5$

（d-3）SSynC 算法，$t=5$

（d-4）MLSynC，$t=5$

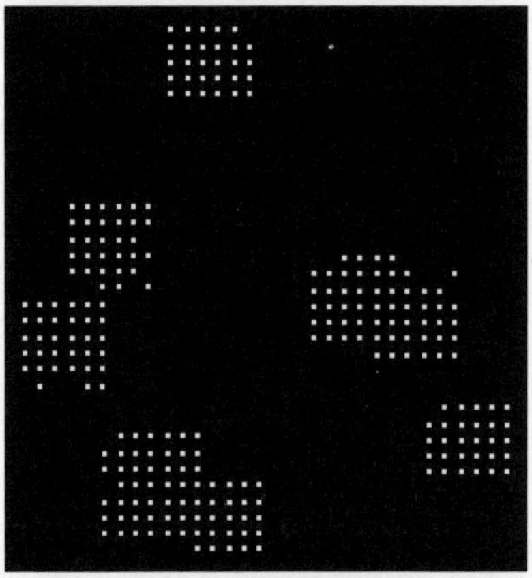

（e-1）SynC 算法，$t=45$

（e-2）ESynC 算法，$t=45$

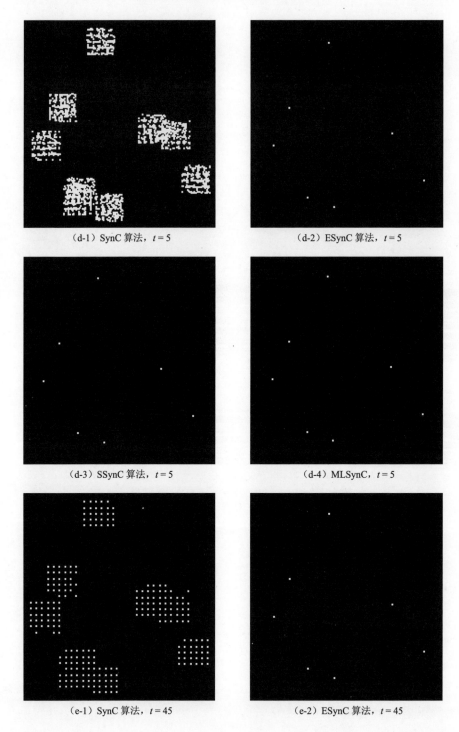

图 7-3　SynC 算法、ESynC 算法、SSynC 算法和 MLSynC 的同步聚类演变轨迹比较（续）

（e-3）SSynC 算法，$t=45$

（e-4）MLSynC，$t=45$

图 7-3　SynC 算法、ESynC 算法、SSynC 算法和 MLSynC 的同步聚类演变轨迹比较（续）

图 7-4（a）比较了 SynC 算法、ESynC 算法、SSynC 算法和 MLSynC 中的聚类序参量在 t(t：0～49)步同步聚类上的值。图 7-4（b）比较了 SynC 算法、ESynC 算法、SSynC 算法和 MLSynC 中的 t 步平均边长在 t(t：0～49)步同步聚类上的值。图 7-4（c）比较了 SynC 算法、ESynC 算法、SSynC 算法和 MLSynC 中的聚类数目与参数 δ(δ：1～100)的关系。在图 7-4 中，数据集是来自 DS0 的 2000 个数据点，将 SSynC 算法和 MLSynC 中的参数 ε 设置为 1。在图 7-4（a）和图 7-4（b）中，这四种算法中的参数 δ 都为 18。在图 7-4（a）和图 7-4（b）的 MLSynC 中，两个指标（聚类序参量和 t 步平均边长）都是在收集阶段计算的。

从图 7-3 中可以观察到，ESynC 算法、SSynC 算法和 MLSynC 的局部同步效果比 SynC 算法要好。从图 7-4（a）和图 7-4（b）中可以观察到，在度量最终的同步聚类结果上，t 步平均边长比聚类序参量更好。从图 7-4（c）中可以观察到，ESynC 算法、SSynC 算法和 MLSynC 中的参数 δ 有一段很长的有效区间。特别地，SynC 算法、ESynC 算法、SSynC 算法和 MLSynC 中的参数 δ 设置得越小，最终的聚类数目就越多。对于许多具有明显聚类结构的数据集，当参数 δ 在它的有效范围内取任意一个值，并且 MLSynC 使用了一种合适的数据集划分方法时，MLSynC 经常能够获得正确的聚类数目与聚类结果；当参数 δ 在它的有效范围内取任意一个值时，ESynC 算法和 SSynC 算法经常能够获得正确的聚类数目与聚类结果。当参数 δ 在一段很长的有效区间内取任意一个值时，SynC 算法获得的聚类数目经常比实际聚类数目要多。

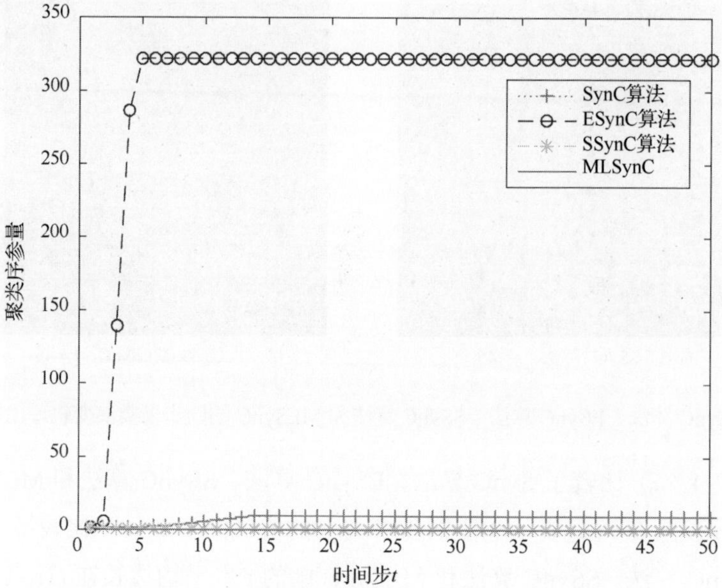

（a）四种算法中的聚类序参量在 t (t：0～49)步同步聚类上的值

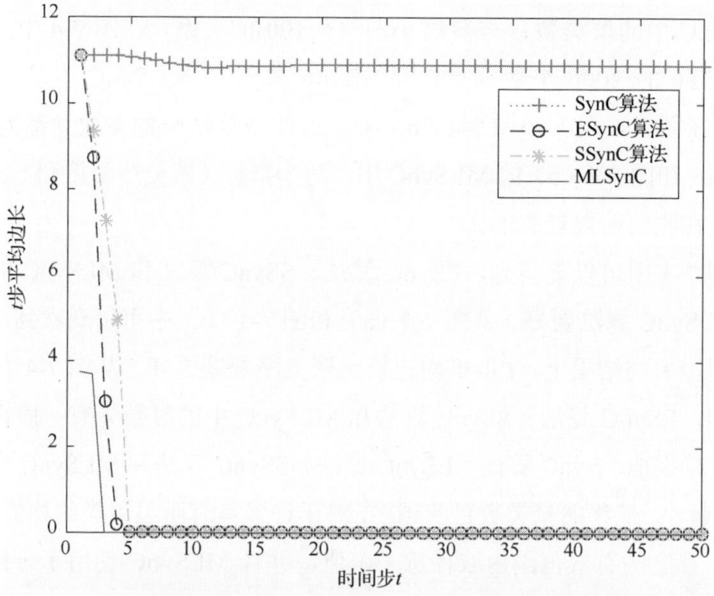

（b）四种算法中的 t 步平均边长在 t (t：0～49)步同步聚类上的值

图 7-4　SynC 算法、ESynC 算法、SSynC 算法和 MLSynC 的指标比较

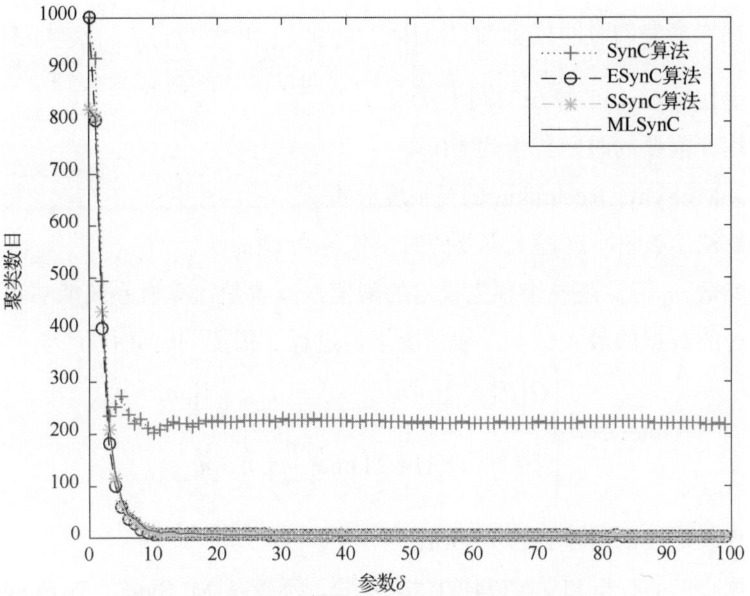

（c）四种算法中的聚类数目与参数 δ (δ：1～100)的关系

图 7-4　SynC 算法、ESynC 算法、SSynC 算法和 MLSynC 的指标比较（续）

7.2.2　MLSynC 的复杂度分析

（1）MLSynC_TwoLevel 的复杂度分析。

在算法 7-1 中，过程 1 需要的时空代价为 $O(n)$。

过程 2 需要的时间代价为

$$\begin{aligned}\text{Time} &= O\left(d\sum_{i=1}^{m}\left(n_i^2(t=0)+n_i^2(t=1)+\cdots+n_i^2\left(t=T_i-1\right)\right)\right)\\ &\approx O\left(d\,\frac{n_{\text{ave}}^2(t=0)+n_{\text{ave}}^2(t=1)+\cdots+n_{\text{ave}}^2\left(t=T_{\max}-1\right)}{m}\right)\end{aligned} \tag{7-1}$$

式中，T_i 是第 i 个基于 SSynC 算法的聚类器的同步次数；$n_i(t=0)$是第 i 个聚类器的初始（第 0 步同步步骤）活跃核心的数目；$n_{\text{ave}}(t=0)$是 m 个聚类器的初始活跃核心数目的平均值；$T_{\max}$ 是使用 SSynC 算法的 m 个聚类器的最大同步次数。

假设第 i $(i=1, 2,\cdots, m)$个子集 D_i 有 K_i 个聚类或孤立点，那么过程 3 需要的时间代价为 $O(K_1+K_2+\cdots+K_m)=O(|c|)$。这里的$|c|$是核心集 c 所含元素的数目。

过程 4 需要的时间代价为 $O\left(d\left(|c|_{(t=0)}^{2}+|c|_{(t=1)}^{2}+\cdots+|c|_{(t=T-1)}^{2}\right)\right)$。这里的 T 是该过程中使用 SSynC 算法的同步次数。

过程 5 需要的时空代价为 $O(n)$。

（2）MLSynC_Recursion 的复杂度分析。

在算法 7-2 中，过程 1 需要的时空代价为 $O(n)$。

设参数 n_{FitNum} 是一个预先设定的阈值，或者是计算机系统能够直接在内存中处理的数据的最大量。一般情况下，过程 2 需要的时间代价为

$$\text{Time}(n)=\begin{cases}O\left(d\left(n_{(t=0)}^{2}+n_{(t=1)}^{2}+\cdots+n_{(t=T-1)}^{2}\right)\right), n\leqslant n_{\text{FitNum}}\\ O(1)+2\text{Time}\left(\dfrac{n}{2}\right), n>n_{\text{FitNum}}\end{cases} \tag{7-2}$$

过程 3 需要的时空代价为 $O(n)$。

根据我们的分析和文献[74]的仿真实验，不管是 MLSynC_ TwoLevel 还是 MLSynC_Recursion，需要的时间代价都比 SSynC 算法要低。

7.2.3 MLSynC 的参数设置

由于 MLSynC 选用 SSynC 算法作为基聚类器，所以对于使用 SSynC 算法进行聚类分析的每个数据子集或收集到的核心集，只需满足 SSynC 算法中对参数 δ 和参数 ε 的选取要求。基于 MDL 原理[40]的参数优化方法，文献[77]中提出的两种方法，定理 5-1 和性质 5-1 都可以用来设置参数 δ。

与 SSynC 算法相似，参数 ε 对 MLSynC 的时间代价影响也较小。通常，参数 ε 有一段较长的有效区间。如果参数 $\delta>15$，则参数 ε 的有效区间为(0, 10)。

在 MLSynC_TwoLevel 中，参数 m 影响总的时间代价。如果参数 m 设置得过大，那么每个数据子集的数据点数目就变小。尽管参数 m 的增大会导致在 MLSynC_TwoLevel 中调用 SSynC 算法的聚类时间减少，但在 MLSynC 的数据划分和根核心收集阶段所需的时间却会增加。通常，随着参数 m 的增大，在 MLSynC 的数据划分和根核心收集阶段所需的时间代价增加与在 MLSynC_TwoLevel 中调用 SSynC 算法的聚类时间减少之间存在一种平衡，所以，并非参数 m 设置得越大越好。

7.2.4　MLSynC 的收敛性

由于 MLSynC 使用 SSynC 算法，所以 MLSynC 的收敛性取决于 SSynC 算法的收敛性。根据第 6 章对 SSynC 算法收敛性的讨论和文献[74]的仿真实验可知，MLSynC 也是收敛的。

7.2.5　MLSynC 的改进

在 MLSynC 中，通过组合多维网格划分法和红黑树来构造所有核心的 δ 近邻点集，从而获得 SSynC 算法的一个改进版本。这种可以降低构造 δ 近邻点集时间代价的改进算法在文献[72]中有详细的介绍。

在同步迭代前，如果通过为参数 δ 设置一个合适值来过滤孤立点，那么这些原本会成为非活跃核心的孤立点就不会进入下一步的同步迭代过程。这种实现细节上的改进对有些数据集是有效的。

7.3　本章小结

本章提出了一种改进的同步聚类方法 MLSynC。MLSynC 经常能得到比 SynC 算法更好的聚类结果。与 SynC 算法、SSynC 算法、ESynC 算法相比，MLSynC 在一些数据集上经常可以得到更好的或相似的聚类结果，或者得到更快的聚类速度。

本章的主要贡献可以概括如下。

（1）通过使用分而治之框架和基于线性加权的 Vicsek 模型，提出了一种面向大数据的、基于收缩同步聚类算法的多层同步聚类方法，即 MLSynC。

（2）MLSynC 可看作一种新的、有效的聚类器集成框架。

（3）文献[74]的仿真实验证实了 MLSynC 在时间代价或聚类质量上的改进效果。

第 8 章　基于 ESynC 算法与微聚类合并判断过程的组合聚类算法

当面对复杂的数据分布时，2017 年发表的 ESynC 算法[71]会将不规则的完整聚类视作一些微聚类。针对这一缺点，本章提出了基于 ESynC 算法与微聚类合并判断过程的组合聚类算法（Combined Clustering Algorithm Based on ESynC Algorithm and a Merging Judgement Process of Micro-Clusters，CESynC）。CESynC 算法[76]首先使用 ESynC 算法来检测聚类或微聚类，然后通过一个合并判断过程来合并那些相连的微聚类。对于一些 ESynC 算法和 SynC 算法无法检测到正确聚类分布的数据集，CESynC 算法可以捕获到一些自然聚类。从文献[76]的仿真实验中可以观察到，CESynC 算法的聚类结果常常比（或与）ESynC 算法更好（或相同），CESynC 算法和 ESynC 算法的聚类结果常常优于 SynC 算法。可以认为在某些数据集中，CESynC 算法通常可以获得比 ESynC 算法和 SynC 算法更好的聚类质量。

CESynC 算法中的“预聚类与合并”思想对于一些复杂分布的数据集是非常有用的。当 ESynC 算法和 SynC 算法不能探测出一些复杂分布的不规则聚类时，有必要增加一个合并判断过程来融合 ESynC 算法探测到的那些相连的微聚类。

“合并判断”的概念并非我们原创的，它早已应用到数据挖掘的聚类领域中。例如，著名的层次聚类算法 AGNES 使用单链接和相异性度量矩阵来合并具有最小相异性的微聚类。合并两个微聚类的相异性可以选择单链接（一个微聚类中的数据点与另一个微聚类中的数据点的最小距离）、全链接（一个微聚类中的数据点与另一个微聚类中的数据点的最大距离）、平均链接（一个微聚类中的全部数据点与另一个微聚类中的全部数据点的平均距离）或中心点链接（两个微聚类中心点之间的距离）。

本章的工作受益于文献[19, 71]和“预聚类与合并”思想。

8.1　基本概念及性质

设数据集 $D = \{\boldsymbol{x}_1, \boldsymbol{x}_2,\cdots, \boldsymbol{x}_n\}$分布在 d 维有序属性空间$(A_1\times A_2\times\cdots\times A_d)$的某个区域内。为了更好地描述算法，先给出一些基本概念及性质。

定义 8-1　当使用较小的 δ 近邻参数的 ESynC 算法检测到一个聚类或聚类的一部分时，称为一个微聚类（Micro-Cluster）。通常，一个微聚类所含的数据点数目大于或等于密度阈值参数 MinPts。

注：密度阈值参数 MinPts 与 DBSCAN 算法中的参数 MinPts 类似。在许多数据集中，参数 MinPts 通常被设置为 1～4。

定义 8-2　假设数据集 $D = \{\boldsymbol{x}_1, \boldsymbol{x}_2,\cdots, \boldsymbol{x}_n\}$采用 ESynC 算法进行聚类分析，得到由 K_{clust} 个微聚类组成的集合 $M = \{M_i \mid i = 1, 2,\cdots, K_{\text{clust}}\}$。在 K_{clust} 个微聚类中，通常选择 K_{clust} 个同步稳定位置（在某些情况下也可以选择 K_{clust} 个微聚类的均值位置）作为 K_{clust} 个微核心，记为 $O = \{\boldsymbol{o}_i \mid i = 1, 2,\cdots, K_{\text{clust}}\}$。基于微核心集 O 的邻接矩阵，采用时间复杂度为 $O(K_{\text{clust}}^2)$的 Prim 算法，可以从微核心集 O 中构造一棵最小生成树 MST(O)。

进一步，基于微核心集 O 的 MST(O)，对于 MST(O)中的每条边，使用新的权重计算公式 $\text{dist}_{\min}(M_i, M_j)$来替换原来的权重计算公式 $\text{dist}(\boldsymbol{o}_i, \boldsymbol{o}_j)$，可以构建由 K_{clust} 个微聚类组成的集合 M 的最小连通支架树（Minimum Connecting Bracket Tree，MCBT）。新的权重计算公式定义为

$$\text{dist}_{\min}(M_i, M_j) = \min\{\text{dist}(\boldsymbol{p}, \boldsymbol{q}) \mid \boldsymbol{p} \in M_i, \boldsymbol{q} \in M_j, i \neq j\} \tag{8-1}$$

最小连通支架树与第 2 章的最小连通支架图概念有点相似，但一个是树，一个是图。

性质 8-1　数据集 $D = \{\boldsymbol{x}_1, \boldsymbol{x}_2,\cdots, \boldsymbol{x}_n\}$使用式（5-2）描述的 Vicsek 模型的线性版本进行同步聚类分析，当参数 δ 满足式（8-2）给出的条件时，将获得有效的局部同步效果，最终得到一些明显的聚类或孤立点：

$$\max\{\text{Longest\_dist}(C_k) \mid k = 1, 2,\cdots, K_{\text{clust}}\} \leqslant \delta < \min\{\text{dist}_{\min}(C_i, C_j) \mid i, j = 1, 2,\cdots, K_{\text{clust}}\} \tag{8-2}$$

式中，$\text{Longest_dist}(C_k) = \max\{\text{dist}(\boldsymbol{p}, \boldsymbol{q}) \mid \boldsymbol{p}, \boldsymbol{q} \in C_k, \boldsymbol{p} \neq \boldsymbol{q}\}$是第 k 个聚类 C_k 的完

全图的最大边长；$\mathrm{dist}_{\min}(C_i, C_j) = \min\{\mathrm{dist}(\boldsymbol{p}, \boldsymbol{q}) \mid \boldsymbol{p} \in C_i, \boldsymbol{q} \in C_j, \boldsymbol{p} \neq \boldsymbol{q}\}$是连接第 i 个聚类和第 j 个聚类的最小边长；K_{clust} 是最后一次迭代同步后的聚类数目。

证明：假定数据集 $D = \{\boldsymbol{x}_1, \boldsymbol{x}_2,\cdots, \boldsymbol{x}_n\}$有 K_{clust} 个明显的聚类。如果 $\delta \geqslant \max\{\mathrm{Longest\_dist}(C_k) \mid k = 1, 2,\cdots, K_{\mathrm{clust}}\}$，那么在任意一个聚类中的数据点都会同步到稳定位置。如果 $\delta < \min\{\mathrm{dist}_{\min}(C_i, C_j) \mid i, j = 1, 2,\cdots, K_{\mathrm{clust}}\}$，那么不同聚类中的数据点不会交互，也不会同步。

性质 8-1 是性质 5-1 的更新版本。

性质 8-2　数据集 $D = \{\boldsymbol{x}_1, \boldsymbol{x}_2,\cdots, \boldsymbol{x}_n\}$使用式（5-2）描述的 Vicsek 模型的线性版本进行同步聚类分析，如果 $\max\{\mathrm{Longest\_dist}(C_k) \mid k = 1, 2,\cdots, K_{\mathrm{clust}}\} > \min\{\mathrm{dist}_{\min}(C_i, C_j) \mid i, j = 1, 2,\cdots, K_{\mathrm{clust}}\}$，那么数据集 D 可能获得一个有效的局部同步效果，最终得到一些明显的聚类或孤立点。在这种情况下，只要我们设置 $\delta > \min\{\mathrm{dist}_{\min}(C_i, C_j) \mid i, j = 1, 2,\cdots, K_{\mathrm{clust}}\}$，就可以检测出一些明显的聚类。

证明：性质 8-2 在一些仿真实验中可以得到证实。

性质 8-3　在一些数据集中，如果一些聚类的形状分布非常不规则且 $\min\{\mathrm{dist}_{\min}(C_i, C_j) \mid i, j = 1, 2,\cdots, K_{\mathrm{clust}}\}$比较小，那么 ESynC 算法的近邻阈值参数 δ 就找不到一个有效值，但是可以通过合并一些检测出的相连微聚类来构造一些聚类。

证明：性质 8-3 在一些仿真实验中可以得到证实。

8.2　组合 ESynC 算法与微聚类合并判断过程的聚类方法

8.2.1　CESynC 算法描述

CESynC 算法与 SynC 算法、ESynC 算法及 SSynC 算法的过程不同。CESynC 算法描述如表 8-1 所示。

表 8-1　CESynC 算法描述

算法 8-1：CESynC 算法
输入：数据集 $D = \{\boldsymbol{x}_1, \boldsymbol{x}_2,\cdots, \boldsymbol{x}_n\}$，距离相异性度量 dist(·, ·)，近邻阈值参数 δ，密度阈值参数 MinPts。 **输出：**数据集 D 的最终聚类结果 $C = \{C_1, C_2,\cdots, C_k\}$。

续表

过程：Procedure SynC(D, δ)
1:　$D(T)=\{\boldsymbol{x}_1(T),\boldsymbol{x}_2(T),\cdots,\boldsymbol{x}_n(T)\}$ ← ESynC(DataSet D, float δ);　/*　调用 ESynC 算法对数据集 $D=\{\boldsymbol{x}_1,\boldsymbol{x}_2,\cdots,\boldsymbol{x}_n\}$进行聚类分析，这里的 $D(T)$记录了数据集 D 的一些微聚类或孤立点的最终稳定位置，T 是 ESynC 算法同步迭代的次数 */
2:　$M=\{M_1, M_2,\cdots, M_{K\text{clust}}\}$ ← Fetch($D(T)$, MinPts);　/*　从 $D(T)=\{\boldsymbol{x}_1(T),\boldsymbol{x}_2(T),\cdots,\boldsymbol{x}_n(T)\}$中提取 K_{clust} 个微聚类或 K_{iso} 个孤立点。这里主要考虑 M 中的 K_{clust} 个微聚类 */
3:　根据定义 8-2，从 K_{clust} 个微聚类 $M=\{M_1, M_2,\cdots, M_{K\text{clust}}\}$中构造微核心集 $O=\{\boldsymbol{o}_1,\boldsymbol{o}_2,\cdots,\boldsymbol{o}_{K\text{clust}}\}$;
4:　MST(O) = $\{e_1, e_2,\cdots, e_{K\text{clust}-1}\}$ ← Prim(O);　/*　采用 Prim 算法从微核心集 $O=\{\boldsymbol{o}_i \mid i=1, 2,\cdots, K_{\text{clust}}\}$中构造一棵最小生成树 MST($O$)。假定 MST($O$)中的边按照升序排列，即满足 $e_1\leqslant e_2\leqslant\cdots\leqslant e_{K\text{clust}-1}$ */
5:　MCBT(M) = $\{l_1, l_2,\cdots, l_{K\text{clust}-1}\}$ ← ReplaceWeights(M, MST(O));　/*　根据定义 8-2，从 K_{clust} 个微聚类 $M=\{M_1, M_2,\cdots, M_{K\text{clust}}\}$中，基于 MST($O$)构造一棵最小连通支架树 MCBT($M$)。假定 MCBT($M$)中的边按照升序排列，即满足 $l_1\leqslant l_2\leqslant\cdots\leqslant l_{K\text{clust}-1}$ */
6:　$\boldsymbol{C}=\{C_1, C_2,\cdots, C_k\}$ ← Merge(M, MST(O) or MCBT(M));　/*　在 K_{clust} 个微聚类 $M=\{M_1, M_2,\cdots, M_{K\text{clust}}\}$中，基于 MST($O$) = $\{e_1, e_2,\cdots, e_{K\text{clust}-1}\}$或 MCBT($M$) = $\{l_1, l_2,\cdots, l_{K\text{clust}-1}\}$，如果相连的微聚类满足合并条件，则进行合并。这里假设数据集 D 在合并后有 k 个聚类 $\boldsymbol{C}=\{C_1, C_2,\cdots, C_k\}$ */
7:　合并操作后的最终结果 $\boldsymbol{C}=\{C_1, C_2,\cdots, C_k\}$可能反映了数据集 D 的聚类簇。

在执行算法 8-1 中的过程 1 时，假设有 $K=K_{\text{clust}}+K_{\text{iso}}$ $(K\leqslant n)$个同步稳定位置，其中，K_{clust} 是微聚类的数目，K_{iso} 是孤立点的数目。如果一个同步稳定位置包含的数据点数目大于或等于参数 MinPts，则可以将它视为一个微聚类或聚类；如果一个同步稳定位置包含的数据点数目小于参数 MinPts，则可以将它视为孤立点。

8.2.2 节将给出实现过程 6 的两种微聚类合并策略和两种微聚类合并判断方法。

8.2.2　CESynC 算法中微聚类的合并策略

（1）策略 1：基于 MST 的拐点策略。

这个策略是通过从 MST(O) = $\{e_1, e_2,\cdots, e_{K\text{clust}-1}\}$中搜索拐点实现的。具体步骤如下。

① 从 K_{clust} 个微聚类 $M=\{M_1, M_2,\cdots, M_{K\text{clust}}\}$中构造微核心集 $O=\{\boldsymbol{o}_1,\boldsymbol{o}_2,\cdots,\boldsymbol{o}_{K\text{clust}}\}$。

② 从算法 8-1 的过程 4 中提取出 MST(O) = $\{e_1, e_2,\cdots, e_{K\text{clust}-1}\}$。/*　假定

MST(O) 中的边按照升序排列，即满足 $e_1 \leqslant e_2 \leqslant \cdots \leqslant e_{K\text{clust}-1}$ */

③ 从 MST(O) = $\{e_1, e_2, \cdots, e_{K\text{clust}-1}\}$的前段选取 N_{minmst} 条最短边构成一个子集。/* 通常 $K_{\text{clust}} - N_{\text{minmst}}$ 等于数据集的正确聚类数目 */

④ 在 N_{minmst} 条最短边中，如果某条边连接的两个微聚类满足合并条件，则进行合并。

步骤③中的 MST(O)存在以下 4 种类型。

类型 1：$e_1 \leqslant e_2 \leqslant \cdots \leqslant e_{j-1} \leqslant e_j \leqslant e_{j+1} \leqslant e_{j+2} \leqslant \cdots \leqslant e_{K\text{clust}-1}$。此时，MST($O$)的 $K_{\text{clust}}-1$ 条边稳定增长而没有突变点，那么这 K_{clust} 个微聚类或 K_{clust} 个分离的聚类可以通过融合操作合并为一个聚类。

在类型 1 中，考虑在$\{e_1, e_2, \cdots, e_{K\text{clust}-1}\}$内进行合并，或者不进行合并。

类型 2：$e_1 \leqslant e_2 \leqslant \cdots \leqslant e_{j-1} \leqslant e_j \ll e_{j+1} \leqslant e_{j+2} \leqslant \cdots \leqslant e_{K\text{clust}-1}$ 且满足 $j = \underset{i=1,2,\cdots,K_{\text{clust}}-2}{\operatorname{argmax}} \left(e_{i+1} - e_i\right)$，这里的 e_j 和 e_{j+1} 是 MST(O)中具有最大差值的两个相邻边。此时，MST(O)的前 j 条边$\{e_1, e_2, \cdots, e_j\}$稳定增长，在 e_j 和 e_{j+1} 之间存在突变，那么$\{e_1, e_2, \cdots, e_j\}$可以用来指导将它所连接的 j+1 个微聚类合并为一个聚类。

在类型 2 中，只考虑在$\{e_1, e_2, \cdots, e_j\}$内的合并操作。

类型 3：$e_1 \leqslant e_2 \leqslant \cdots \leqslant e_{j-1} \leqslant e_j \ll e_{j+1} \leqslant e_{j+2} \leqslant \cdots \leqslant e_{j+l-1} \leqslant e_{j+l} \ll e_{j+l+1} \leqslant e_{j+l+2} \leqslant \cdots \leqslant e_{K\text{clust}-1}$

在类型 3 中，考虑在$\{e_1, e_2, \cdots, e_j\}$内进行合并，或者在$\{e_1, e_2, \cdots, e_j, e_{j+1}, \cdots, e_{j+l}\}$内进行合并。

类型 4：与类型 3 相似，在 MST(O)中存在 3 个及以上突变点。

在类型 4 中，考虑在$\{e_1, e_2, \cdots, e_j\}$内进行合并，或者在$\{e_1, e_2, \cdots, e_j, e_{j+1}, \cdots, e_{j+l}\}$内进行合并，或者……

（2）策略 2：基于 MCBT 的拐点策略。

这个策略是通过从 MCBT(M) = $\{l_1, l_2, \cdots, l_{K\text{clust}-1}\}$中搜索拐点实现的，具体步骤如下。

① 与策略 1 的步骤①相同。

② 与策略 1 的步骤②相同。

③ 根据定义 8-2，从 K_{clust} 个微聚类 $M = \{M_1, M_2, \cdots, M_{K\text{clust}}\}$中，基于

MST(O)构造一棵最小连通支架树 MCBT(M)。

④ 对 MCBT(M)进行升序排列；/*即排序后的 MCBT(M) = $\{l_1, l_2,\cdots, l_{K\text{clust}-1}\}$满足 $l_1 \leqslant l_2 \leqslant \cdots \leqslant l_{K\text{clust}-1}$*/

⑤ 与策略 1 的步骤③类似，从 MCBT(M) = $\{l_1, l_2,\cdots, l_{K\text{clust}-1}\}$的前段选取 N_{minmcbt} 条最短边构成一个子集；/* 通常 $K_{\text{clust}} - N_{\text{minmcbt}}$ 等于数据集的正确聚类数目 */

⑥ 与策略 1 的步骤④类似，在 N_{minmcbt} 条最短边中，如果某条边连接的两个微聚类满足合并条件，则进行合并。

与策略 1 中的 MST(O)类似，MCBT(M)也存在 4 种类型，这里不再详述。

8.2.3 CESynC 算法中微聚类的合并判断方法

策略 1 中两个微聚类的合并有两种判断方法。

（1）方法 1：中点判断法。

在升序排列的 MST(O) = $\{e_1, e_2,\cdots, e_{K\text{clust}-1}\}$前段的 N_{minmst} 条最短边中，假设边 $e_i\ (i = 1, 2,\cdots, N_{\text{minmst}})$连接两个微聚类 M_{u} 和 M_{v} 的两个微核 $\boldsymbol{o}_{\text{u}}$ 和 $\boldsymbol{o}_{\text{v}}$。我们计算两个微核 $\boldsymbol{o}_{\text{u}}$ 和 $\boldsymbol{o}_{\text{v}}$ 的连线 line($\boldsymbol{o}_{\text{u}}, \boldsymbol{o}_{\text{v}}$)上的中点 $\boldsymbol{p}(\boldsymbol{o}_{\text{u}}, \boldsymbol{o}_{\text{v}})$。连线 line($\boldsymbol{o}_{\text{u}}, \boldsymbol{o}_{\text{v}}$)上的中点计算公式为

$$\boldsymbol{p}(\boldsymbol{o}_{\text{u}}, \boldsymbol{o}_{\text{v}}) = (\boldsymbol{o}_{\text{u}} + \boldsymbol{o}_{\text{v}}) / 2 \tag{8-3}$$

中点的一种密度度量可以用来判断两个微聚类 M_{u} 和 M_{v} 是否可以合并。假设 $N_\sigma(\boldsymbol{p}(\boldsymbol{o}_{\text{u}}, \boldsymbol{o}_{\text{v}}))$是中点 $\boldsymbol{p}(\boldsymbol{o}_{\text{u}}, \boldsymbol{o}_{\text{v}})$的 σ 近邻点集，$|N_\sigma(\boldsymbol{p}(\boldsymbol{o}_{\text{u}}, \boldsymbol{o}_{\text{v}}))|$是 $N_\sigma(\boldsymbol{p}(\boldsymbol{o}_{\text{u}}, \boldsymbol{o}_{\text{v}}))$所包含的数据点数目。那么密度度量指标$|N_\sigma(\boldsymbol{p}(\boldsymbol{o}_{\text{u}}, \boldsymbol{o}_{\text{v}}))|$就可以用来判断两个微聚类 M_{u} 和 M_{v} 是否可以合并。这里的参数 σ 是范围阈值，参数 MinPts 是密度阈值。

策略 1 中两个近邻微聚类是否可以合并的判断规则如下：

```
if |Nσ(p(ou, ov))|≥MinPts then
        两个微聚类 Mu 和 Mv 可以合并;
else
        两个微聚类 Mu 和 Mv 不可以合并;
end if
```

（2）方法 2：三点判断法。

在升序排列的 MST(O) = $\{e_1, e_2,\cdots, e_{K\text{clust}-1}\}$前段的 N_{minmst} 条最短边中，假

设边 e_i ($i = 1, 2,\cdots, N_{\mathrm{minmst}}$)连接两个微聚类 M_{u} 和 M_{v} 的两个微核 $\boldsymbol{o}_{\mathrm{u}}$ 和 $\boldsymbol{o}_{\mathrm{v}}$，我们计算两个微核 $\boldsymbol{o}_{\mathrm{u}}$ 和 $\boldsymbol{o}_{\mathrm{v}}$ 的连线 line($\boldsymbol{o}_{\mathrm{u}}, \boldsymbol{o}_{\mathrm{v}}$)上的三个点。

第一个点是连线 line($\boldsymbol{o}_{\mathrm{u}}, \boldsymbol{o}_{\mathrm{v}}$)上的中点 $\boldsymbol{p}(\boldsymbol{o}_{\mathrm{u}}, \boldsymbol{o}_{\mathrm{v}})$，其计算公式为式（8-3）。

第二个点 $L_\sigma(\boldsymbol{o}_{\mathrm{u}}, \boldsymbol{o}_{\mathrm{v}})$是连线 line($\boldsymbol{o}_{\mathrm{u}}, \boldsymbol{o}_{\mathrm{v}}$)上位于中点 $\boldsymbol{p}(\boldsymbol{o}_{\mathrm{u}}, \boldsymbol{o}_{\mathrm{v}})$左边且与之距离为 σ 的一个点，其计算公式为

$$L_\sigma(\boldsymbol{o}_{\mathrm{u}}, \boldsymbol{o}_{\mathrm{v}}) = \boldsymbol{p}\left(\boldsymbol{o}_{\mathrm{u}}, \boldsymbol{o}_{\mathrm{v}}\right) - \frac{\sigma}{\mathrm{dist}\left(\boldsymbol{o}_{\mathrm{u}}, \boldsymbol{o}_{\mathrm{v}}\right)}\left(\boldsymbol{o}_{\mathrm{v}} - \boldsymbol{o}_{\mathrm{u}}\right) \tag{8-4}$$

第三个点 $R_\sigma(\boldsymbol{o}_{\mathrm{u}}, \boldsymbol{o}_{\mathrm{v}})$是连线 line($\boldsymbol{o}_{\mathrm{u}}, \boldsymbol{o}_{\mathrm{v}}$)上位于中点 $\boldsymbol{p}(\boldsymbol{o}_{\mathrm{u}}, \boldsymbol{o}_{\mathrm{v}})$右边且与之距离为 σ 的一个点，其计算公式为

$$R_\sigma(\boldsymbol{o}_{\mathrm{u}}, \boldsymbol{o}_{\mathrm{v}}) = \boldsymbol{p}\left(\boldsymbol{o}_{\mathrm{u}}, \boldsymbol{o}_{\mathrm{v}}\right) + \frac{\sigma}{\mathrm{dist}\left(\boldsymbol{o}_{\mathrm{u}}, \boldsymbol{o}_{\mathrm{v}}\right)}\left(\boldsymbol{o}_{\mathrm{v}} - \boldsymbol{o}_{\mathrm{u}}\right) \tag{8-5}$$

在式（8-4）和式（8-5）中，$\boldsymbol{o}_{\mathrm{v}} - \boldsymbol{o}_{\mathrm{u}}$ 是向量的减法运算。

三个点 $\boldsymbol{p}(\boldsymbol{o}_{\mathrm{u}}, \boldsymbol{o}_{\mathrm{v}})$、$L_\sigma(\boldsymbol{o}_{\mathrm{u}}, \boldsymbol{o}_{\mathrm{v}})$和 $R_\sigma(\boldsymbol{o}_{\mathrm{u}}, \boldsymbol{o}_{\mathrm{v}})$的密度度量可以用来判断两个微聚类 M_{u} 和 M_{v} 是否可以合并。与上面类似，假设 $N_\sigma(\boldsymbol{p}(\boldsymbol{o}_{\mathrm{u}}, \boldsymbol{o}_{\mathrm{v}}))$、$N_\sigma(L_\sigma(\boldsymbol{o}_{\mathrm{u}}, \boldsymbol{o}_{\mathrm{v}}))$和 $N_\sigma(R_\sigma(\boldsymbol{o}_{\mathrm{u}}, \boldsymbol{o}_{\mathrm{v}}))$分别是三个点 $\boldsymbol{p}(\boldsymbol{o}_{\mathrm{u}}, \boldsymbol{o}_{\mathrm{v}})$、$L_\sigma(\boldsymbol{o}_{\mathrm{u}}, \boldsymbol{o}_{\mathrm{v}})$和 $R_\sigma(\boldsymbol{o}_{\mathrm{u}}, \boldsymbol{o}_{\mathrm{v}})$的 σ 近邻点集，$|N_\sigma(\boldsymbol{p}(\boldsymbol{o}_{\mathrm{u}}, \boldsymbol{o}_{\mathrm{v}}))|$、$|N_\sigma(L_\sigma(\boldsymbol{o}_{\mathrm{u}}, \boldsymbol{o}_{\mathrm{v}}))|$和$|N_\sigma(R_\sigma(\boldsymbol{o}_{\mathrm{u}}, \boldsymbol{o}_{\mathrm{v}}))|$分别是 $N_\sigma(\boldsymbol{p}(\boldsymbol{o}_{\mathrm{u}}, \boldsymbol{o}_{\mathrm{v}}))$、$N_\sigma(L_\sigma(\boldsymbol{o}_{\mathrm{u}}, \boldsymbol{o}_{\mathrm{v}}))$和 $N_\sigma(R_\sigma(\boldsymbol{o}_{\mathrm{u}}, \boldsymbol{o}_{\mathrm{v}}))$所包含的数据点数目。那么三个密度度量指标$|N_\sigma(\boldsymbol{p}(\boldsymbol{o}_{\mathrm{u}}, \boldsymbol{o}_{\mathrm{v}}))|$、$|N_\sigma(L_\sigma(\boldsymbol{o}_{\mathrm{u}}, \boldsymbol{o}_{\mathrm{v}}))|$和$|N_\sigma(R_\sigma(\boldsymbol{o}_{\mathrm{u}}, \boldsymbol{o}_{\mathrm{v}}))|$可以用来判断两个微聚类 M_{u} 和 M_{v} 是否可以合并。

策略 1 中两个近邻微聚类是否可以合并的判断规则如下：

```
if |Nσ(p(ou, ov))|≥MinPts and |Nσ(Lσ(ou, ov))|≥MinPts and |Nσ(Rσ(ou, ov))|≥MinPts then
        两个微聚类 Mu 和 Mv 可以合并;
else
        两个微聚类 Mu 和 Mv 不可以合并;
end if
```

策略 2 中两个微聚类是否可以合并的两种判断方法除了符号和概念与策略 1 不同，其余非常相似，这里不再详述。

8.2.4　CESynC 算法的复杂度分析

在算法 8-1 的过程 1 中，如果使用常规方法，那么需要的时间代价为 $O(Tdn^2)$。如果借鉴文献[72]介绍的多维网格划分与红黑树结合的索引结构方法

或采用 R 树索引结构方法，那么时间代价有可能降到 $O(Tdn\log n)$。

在过程 2 中，如果使用简单的提取方法，那么需要的时间代价为 $O(dn^2)$。如果在扫描数据集的每个数据点时记录下当前同步稳定点的位置，那么需要的时间代价为 $O(dn(K_{\text{clust}} + K_{\text{iso}}))$。

过程 3 需要的时间代价为 $O(dK_{\text{clust}})$。

过程 4 需要的时间代价为 $O(d(K_{\text{clust}})^2)$。

过程 5 需要的时间代价为 $O\left(d\sum_{e(\text{u},\text{v})\in \text{MST}(O)}\left(|c_{\text{u}}||c_{\text{v}}|\right)\right)$。

在过程 6 中，如果连接两个微聚类的每条边都需要判断是否进行合并，那么需要 $O(K_{\text{clust}} - 1)$次判断。

如果使用分离集结构，则过程 7 需要的时间代价为 $O(n)$。

8.2.5　CESynC 算法的参数设置

由于 CESynC 算法的前期使用 ESynC 算法，所以参数 δ 的设置方法与前几章相同。

参数 σ 应用在 CESynC 算法的微聚类合并操作阶段。参数 σ 通常满足

$$\sigma \in [\sigma_{\min}, \sigma_{\max}] \tag{8-6}$$

式中，$\sigma_{\min} \approx \left\lceil \left(l_{N_{\text{minmcbt}}}\right)/2 \right\rceil$ 和 $\sigma_{\max} \approx \left\lfloor \left(l_{(1+N_{\text{minmcbt}})}\right)/2 \right\rfloor$ 在多数数据集中都成立。在 $\text{MCBT}(M) = \{l_1, l_2, \cdots, l_{K\text{clust}-1}\}$ 中，$\left(\left(l_{N_{\text{minmcbt}}}\right)/2, \left(l_{(1+N_{\text{minmcbt}})}\right)/2\right)$ 经常是 MCBT(M)的一个拐点。这里，$\left\lceil \left(l_{N_{\text{minmcbt}}}\right)/2 \right\rceil$ 是 $\left(l_{N_{\text{minmcbt}}}\right)/2$ 的最小上界整数，$\left\lfloor \left(l_{(1+N_{\text{minmcbt}})}\right)/2 \right\rfloor$ 是 $\left(l_{(1+N_{\text{minmcbt}})}\right)/2$ 的最大下界整数。

8.3　本章小结

本章提出了一种改进的同步聚类算法 CESynC。对于 ESynC 算法和 SynC 算法无法检测到正确聚类的数据集，CESynC 算法可以捕获到正确的聚类。从文献[76]的仿真实验中可以观察到，CESynC 算法的参数 δ 在某些情况下比 ESynC 算法和 SynC 算法具有更好的有效区间；参数 σ 的有效区间受到参数 δ 和 MinPts 的影响；CESynC 算法可以比 ESynC 算法获得更好（或相同）的聚

类结果；CESynC 算法和 ESynC 算法的聚类结果往往优于 SynC 算法。因此，可以说在某些类型的数据集中，CESynC 算法往往能够获得比 ESynC 算法和 SynC 算法更好的聚类质量。与几种经典聚类算法的进一步对比实验证明了 CESynC 算法的聚类效果。

CESynC 算法对孤立点具有良好的鲁棒性，可以找到不同形状的明显聚类。在聚类之前，不必固定聚类的数目。参数 δ 通常具有较长的有效区间，可以使用文献[77]中列出的探测性方法、文献[71]中的定理 1 和性质 1 描述的启发式方法，或者使用文献[19]提出的基于 MDL 原理的方法来确定参数 δ。CESynC 算法的参数 σ 也有一个很长的有效区间，可以通过式（8-6）来选取。

本章的主要贡献可以概括如下。

（1）为了克服 ESynC 算法可能将不规则的整个聚类视为多个微聚类的缺点，开发了一种基于 ESynC 算法与微聚类合并判断过程的组合聚类算法。

（2）给出了 CESynC 算法中微聚类合并的两种具体策略和两种判断方法。

（3）文献[76]的仿真实验验证了 ICESynC（Improved Version of CESynC Algorithm in Time Complexity，CESynC 算法在时间复杂度上的改进版本）算法在时间代价上的改进效果，以及 CESynC 算法在聚类质量上的改善效果。

第 9 章　近邻同步聚类模型与指数衰减加权同步聚类模型的比较与分析

聚类是一种重要的数据分析与预处理技术。与传统的静态聚类分析方法相比，基于同步模型的聚类算法属于一种动态演化的聚类分析技术。本章首先提出了应用到聚类中的两种指数衰减加权同步模型和一种 δ 近邻指数衰减加权同步模型。对于前两种同步模型，提出了基于指数衰减加权同步模型的聚类算法；对于第三种同步模型和已发表的 EK 模型、Vicsek 简化模型及 LV 模型，提出了基于近邻同步模型的聚类算法。然后比较分析了这些同步聚类模型的时间复杂度、性质及特点。

9.1　基本概念

设数据集 $D = \{\boldsymbol{x}_1, \boldsymbol{x}_2,\cdots, \boldsymbol{x}_n\}$分布在 d 维有序属性空间$(A_1\times A_2\times\cdots\times A_d)$的某个区域内。基于万有引力定律和物理学中普遍存在的指数衰减规律，这里提出了三种指数衰减加权同步模型。前两种模型在全局范围内进行迭代计算，第三种模型在 δ 近邻范围内进行迭代计算。

定义 9-1　应用到聚类中的第一种指数衰减加权同步模型的定义为：如果把数据点 $\boldsymbol{x}_i$ $(i = 1, 2,\cdots, n)$看作数据集 $D = \{\boldsymbol{x}_1, \boldsymbol{x}_2,\cdots, \boldsymbol{x}_n\}$中的一个相位振荡器，受到指数衰减加权同步模型的启发，数据点 $\boldsymbol{x}_i$ 的一个指数衰减加权的动力学特性可描述为

$$\boldsymbol{x}_i(t+1)=\frac{\sum_{j=1}^{n}\left(w_{ji}(t)\boldsymbol{x}_j(t)\right)}{\sum_{j=1}^{n}w_{ji}(t)} \tag{9-1}$$

式中，$w_{ji}(t)=\exp\left(-\dfrac{\left\|\boldsymbol{x}_j(t)-\boldsymbol{x}_i(t)\right\|^2}{2}\right)$，表示在第 t 个同步时，数据点 $\boldsymbol{x}_j$ 作用于数据点 $\boldsymbol{x}_i$ 的指数衰减权重系数；$\boldsymbol{x}_i(t+1)$表示数据点 $\boldsymbol{x}_i$ 在第 t 个同步后的更新位置。

定义 9-2 应用到聚类中的第二种指数衰减加权同步模型的定义为：如果把数据点 $\boldsymbol{x}_i\ (i=1,2,\cdots,n)=(x_{i1},x_{i2},\cdots,x_{id})$看作数据集 $D=\{\boldsymbol{x}_1,\boldsymbol{x}_2,\cdots,\boldsymbol{x}_n\}$中的一个相位振荡器，受到指数衰减加权同步模型的启发，数据点 $\boldsymbol{x}_i$ 在第 k 维上的分量 $x_{ik}\ (k=1,2,\cdots,d)$的一个指数衰减加权的动力学特性可描述为

$$x_{ik}(t+1)=\frac{\sum_{j=1}^{n}\left(w_{ji}^{k}(t)x_{jk}(t)\right)}{\sum_{j=1}^{n}w_{ji}^{k}(t)} \tag{9-2}$$

式中，$w_{ji}^{k}(t)=\exp\left(-\dfrac{\left(x_{jk}(t)-x_{ik}(t)\right)^2}{2}\right)$，表示在第 t 个同步时，数据点 $\boldsymbol{x}_j$ 在第 k 维上的分量 x_{jk} 作用于数据点 $\boldsymbol{x}_i$ 在第 k 维上的分量 x_{ik} 的指数衰减权重系数；$x_{ik}(t+1)$表示数据点 $\boldsymbol{x}_i$ 在第 k 维上的分量 x_{ik} 在第 t 个同步后的更新位置。

定义 9-3 应用到聚类中的 δ 近邻指数衰减加权同步模型的定义为：如果把数据点 $\boldsymbol{x}_i\ (i=1,2,\cdots,n)=(x_{i1},x_{i2},\cdots,x_{id})$看作它的 δ 近邻点集 $N_\delta(\boldsymbol{x}_i)$中的一个相位振荡器，受到指数衰减加权同步模型的启发，数据点 $\boldsymbol{x}_i$ 在第 k 维上的分量 $x_{ik}\ (k=1,2,\cdots,d)$的一个指数衰减加权的动力学特性可描述为

$$x_{ik}(t+1)=\frac{\sum_{j\in\{i\}\cup\text{Index}\left(N_\delta\left(\boldsymbol{x}_i(t)\right)\right)}\left(w_{ji}^{k}(t)x_{jk}(t)\right)}{\sum_{j\in\{i\}\cup\text{Index}\left(N_\delta\left(\boldsymbol{x}_i(t)\right)\right)}w_{ji}^{k}(t)} \tag{9-3}$$

式中，$\text{Index}\left(N_\delta\left(\boldsymbol{x}_i(t)\right)\right)=\left\{j\mid \boldsymbol{x}_j\in N_\delta\left(\boldsymbol{x}_i(t)\right)\right\}$，表示在第 t 个同步时，数据点 $\boldsymbol{x}_i$ 的δ近邻点集 $N_\delta(\boldsymbol{x}_i)$中所有点的标号构成的集合；$w_{ji}^{k}(t)=\exp\left(-\dfrac{\left(x_{jk}(t)-x_{ik}(t)\right)^2}{2}\right)$表示在第 t 个同步时，数据点 $\boldsymbol{x}_i$ 的近邻点 $\boldsymbol{x}_j$ 在第 k 维上的分量 x_{jk} 作用于数据点 $\boldsymbol{x}_i$ 在第 k 维上的分量 x_{ik} 的指数衰减权重系数；$x_{ik}(t+1)$表示数据点 $\boldsymbol{x}_i$ 在第 k 维上的分量 x_{ik} 在第 t 个同步后的更新位置。

定义 9-4 数据集 $D=\{\boldsymbol{x}_1,\boldsymbol{x}_2,\cdots,\boldsymbol{x}_n\}$在历经 T 步的同步聚类后稳定下来，

表示为 $D(T) = \{\boldsymbol{x}_1(T), \boldsymbol{x}_2(T),\cdots, \boldsymbol{x}_n(T)\}$。设从 $D(T)$中可获得 K_{clust} 个聚类和 K_{iso} 个孤立点，$K = K_{\text{clust}} + K_{\text{iso}}$。$D(T)$的同步聚类稳定点集记为 $C = \{\boldsymbol{c}_1, \boldsymbol{c}_2,\cdots, \boldsymbol{c}_{K\text{clust}}\}$，其中 $\boldsymbol{c}_j$ 是第 j 个聚类区域的同步稳定位置。如果 $\boldsymbol{x}_i(T)$满足式（9-4），则将数据点 $\boldsymbol{x}_i$ 判为属于第 j 个聚类区域：

$$\text{dist}(\boldsymbol{c}_j, \boldsymbol{x}_i(T)) < \varepsilon \tag{9-4}$$

式（9-4）中的参数 ε 与算法 9-1 和算法 9-2 中的迭代退出阈值参数 ε 相同，是一个非常小的实数。

如果第 j 个聚类区域包含 n_j 个数据点，则数据集 D 的 K_{clust} 个聚类区域的同步稳定位置与 K_{clust} 个聚类区域的均值位置的差异可定义为

$$\text{diff\_steadies\_means} = \frac{1}{K_{\text{clust}}}\sum_{j=1}^{K_{\text{clust}}}\text{dist}\left(\boldsymbol{c}_j, \boldsymbol{m}_j\right) \tag{9-5}$$

式中，$\text{dist}(\boldsymbol{c}_j, \boldsymbol{m}_j)$表示第 j 个聚类区域的 n_j 个数据点在数据集 $D = \{\boldsymbol{x}_1, \boldsymbol{x}_2,\cdots, \boldsymbol{x}_n\}$中的均值位置 $\boldsymbol{m}_j$ 与第 j 个聚类同步稳定位置 $\boldsymbol{c}_j$ 之间的距离。显然，式（9-5）定义的指标可度量同步聚类后聚类区域的稳定位置与均值位置的平均差异。

9.2　基于同步模型的聚类算法框架

Böhm 等[19]提出的 SynC 算法、文献[57]提出的 ESynC 算法是基于近邻同步模型的聚类算法框架（Clustering Algorithm Frame Based on Near Neighbor Synchronization Model，CNNS）的两个典型代表，基于指数衰减加权同步模型的聚类算法框架（Clustering Algorithm Frame Based on Exponential Decay Weighted Synchronization Model，CEDS）将在后面予以介绍。

9.2.1　CNNS

CNNS 是一种在 δ 近邻范围内进行动态同步迭代的聚类算法框架，其描述如表 9-1 所示。

表 9-1　CNNS 描述

算法 9-1：CNNS
输入：数据集 $D = \{\boldsymbol{x}_1, \boldsymbol{x}_2,\cdots, \boldsymbol{x}_n\}$，距离相异性度量 $\text{dist}(\cdot,\cdot)$ ，参数 δ，迭代退出阈值参数 ε。 **输出**：数据集 D 的聚类归属标号数组 Label[1..n]。

续表

过程：Procedure CNNS(D, δ)

1: 迭代步 t 首先设置为 0，即 $t \leftarrow 0$；

2: **for** $i = 1, 2, \cdots, n$ **do**

3: $\boldsymbol{x}_i(t) \leftarrow \boldsymbol{x}_i$;

4: **end for**

/* 执行动态聚类的迭代同步过程 */

5: **while** $D(t) = \{\boldsymbol{x}_1(t), \boldsymbol{x}_2(t), \cdots, \boldsymbol{x}_n(t)\}$仍在同步移动中 **do**

6: **for** $i = 1, 2, \cdots, n$ **do**

7: 根据定义 2-1，为数据点 $\boldsymbol{x}_i(t)$构造 δ 近邻点集 $N_\delta(\boldsymbol{x}_i(t))$ ；

8: 使用式（4-1）、式（5-1）、式（5-2）或式（9-3）计算 $\boldsymbol{x}_i(t)$同步后的更新位置 $\boldsymbol{x}_i(t+1)$;

9: **end for**

10: 计算 $D(t) = \{\boldsymbol{x}_1(t), \boldsymbol{x}_2(t), \cdots, \boldsymbol{x}_n(t)\}$与第 t 个同步后的更新位置 $D(t+1) = \{\boldsymbol{x}_1(t+1), \boldsymbol{x}_2(t+1), \cdots, \boldsymbol{x}_n(t+1)\}$之间的均方差 $\mathrm{mse}(D(t), D(t+1)) = \frac{1}{n}\sum_{i=1}^{n}\left\|\boldsymbol{x}_i(t) - \boldsymbol{x}_i(t+1)\right\|^2$ ；

11: **if** $\mathrm{mse}(D(t), D(t+1)) < \varepsilon$ **then**

12: 这个动态的同步聚类过程收敛了，可以从 while 循环中退出来；

13: **else**

14: 迭代步 t 加 1，即 t++，进入下一轮 while 循环；

15: **end if**

16: **end while**

17: 将退出 while 循环的 t 赋给同步总次数 T，可得到数据集 D 同步后的收敛结果集 $D(T) = \{\boldsymbol{x}_1(T), \boldsymbol{x}_2(T), \cdots, \boldsymbol{x}_n(T)\}$；

18: 在 $D(T)$中，那些代表一些数据点的稳定位置可看作聚类中心，那些只代表一个或几个数据点的稳定位置可看作孤立点的最终同步稳定位置。根据 $D(T) = \{\boldsymbol{x}_1(T), \boldsymbol{x}_2(T), \cdots, \boldsymbol{x}_n(T)\}$，很容易得到一个由若干稳定点或孤立点构成的聚类簇，从而构造 Label[1..n]。

注：在算法 9-1 的过程 8 中，如果采用定义 4-1 来计算 $\boldsymbol{x}_i(t)$同步后的更新位置 $\boldsymbol{x}_i(t+1)$，就是 Böhm 等[19]提出的 SynC 算法；如果采用定义 5-2 来计算 $\boldsymbol{x}_i(t)$同步后的更新位置 $\boldsymbol{x}_i(t+1)$，就是 ESynC 算法；定义 5-1 的同步模型在文献[57]中已有几个对照实验；如果采用定义 9-3 来计算 $\boldsymbol{x}_i(t)$同步后的更新位置 $\boldsymbol{x}_i(t+1)$，会得到一种同步聚类算法。

9.2.2　CEDS

CEDS 是一种在全局范围内进行动态同步迭代的聚类算法框架，其描述如表 9-2 所示。

表 9-2　CEDS 描述

算法 9-2：CEDS
输入：数据集 $D=\{\boldsymbol{x}_1,\boldsymbol{x}_2,\cdots,\boldsymbol{x}_n\}$，距离相异性度量 dist(·, ·)，参数 δ，迭代退出阈值参数 ε。
输出：数据集 D 的聚类归属标号数组 Label[1..n]。
过程：Procedure CNNS(D, δ)
1:　迭代步 t 首先设置为 0，即 $t\leftarrow 0$;
2:　**for** $i=1,2,\cdots,n$ **do**
3:　　$\boldsymbol{x}_i(t)\leftarrow\boldsymbol{x}_i$;
4:　**end for**
/* 执行动态聚类的迭代同步过程 */
5:　**while** $D(t)=\{\boldsymbol{x}_1(t),\boldsymbol{x}_2(t),\cdots,\boldsymbol{x}_n(t)\}$仍在同步移动中 **do**
6:　　**for** $i=1,2,\cdots,n$ **do**
7:　　　使用式（9-1）或式（9-2）计算$\boldsymbol{x}_i(t)$同步后的更新位置$\boldsymbol{x}_i(t+1)$;
8:　　**end for**
9:　　计算 $D(t)=\{\boldsymbol{x}_1(t),\boldsymbol{x}_2(t),\cdots,\boldsymbol{x}_n(t)\}$与第 t 个同步后的更新位置 $D(t+1)=\{\boldsymbol{x}_1(t+1),\boldsymbol{x}_2(t+1),\cdots,\boldsymbol{x}_n(t+1)\}$之间的均方差 $\mathrm{mse}(D(t),D(t+1))=\frac{1}{n}\sum_{i=1}^{n}\lVert\boldsymbol{x}_i(t)-\boldsymbol{x}_i(t+1)\rVert^2$；
10:　　**if** $\mathrm{mse}(D(t),D(t+1))<\varepsilon$ **then**
11:　　这个动态的同步聚类过程收敛了，可以从 while 循环中退出来;
12:　**else**
13:　　迭代步 t 加 1，即 t++，进入下一轮 while 循环;
14:　**end if**
15:　**end while**
16:　将退出 while 循环的 t 赋给同步总次数 T，可得到数据集 D 同步后的收敛结果集 $D(T)=\{\boldsymbol{x}_1(T),\boldsymbol{x}_2(T),\cdots,\boldsymbol{x}_n(T)\}$;
17:　在 $D(T)$中，那些代表一些数据点的稳定位置可看作聚类中心，那些只代表一个或几个数据点的稳定位置可看作孤立点的最终同步稳定位置。根据 $D(T)=\{\boldsymbol{x}_1(T),\boldsymbol{x}_2(T),\cdots,\boldsymbol{x}_n(T)\}$，很容易得到一个由若干稳定点或孤立点构成的聚类簇，从而构造 Label[1..n]。

注：在算法 9-2 的过程 7 中，如果采用定义 9-1 来计算$\boldsymbol{x}_i(t)$同步后的更新位置$\boldsymbol{x}_i(t+1)$，会得到一种同步聚类算法；如果采用定义 9-2 来计算$\boldsymbol{x}_i(t)$同步后的更新位置$\boldsymbol{x}_i(t+1)$，会得到另一种同步聚类算法。

9.3　复杂度分析

9.3.1　算法 9-1 的复杂度分析

在算法 9-1 中，过程 1 需要的时间代价为 $O(1)$，过程 2～4 需要的时间代价为 $O(n)$。

过程 5 需要的时间代价为 $O(T)$。

在过程 7 中，如果采用简单的全范围蛮力判断方法为数据点 $\boldsymbol{x}_i$ ($i = 1, 2, \cdots, n$)构造 δ 近邻点集 $N_\delta(\boldsymbol{x}_i)$，则需要的时间代价为 $O(dn)$。当数据集的维数较小时，通过为数据集构造合适的空间索引结构，可以取得 $O(d\log n)$的时间代价[72]。在过程 8 中，计算 $\boldsymbol{x}_i(t)$ ($i = 1, 2, \cdots, n$)同步后的更新位置 $\boldsymbol{x}_i(t+1)$需要的时间代价为 $O(d|N_\delta(\boldsymbol{x}_i)|)$。所以，过程 6～9 需要的时间代价最多为 $O(dn^2)$。

过程 10 需要的时间代价为 $O(dn)$。

过程 11～15 需要的时间代价为 $O(1)$。

过程 17 需要的时间代价为 $O(1)$。

过程 18 需要的时间代价为 $O(dnK)$，其中 K 是聚类数目和孤立点数目之和，一般有 $K << n$。

根据 Böhm 等[19]和我们的分析，算法 9-1 未采用空间索引结构时需要的时间代价为 $O(Tdn^2)$；算法 9-1 在低维数据集中采用有效空间索引结构时，需要的时间代价可降低到 $O(Tdn\log n)$[72]。

9.3.2 算法 9-2 的复杂度分析

在算法 9-2 中，过程 1，过程 2～4，过程 5 需要的时间代价与算法 9-1 相同。

在过程 6～8 中，使用定义 9-1 计算 $w_{ji}(t)$ ($i, j = 1, 2, \cdots, n$)需要的时间代价为 $O(d)$，计算 $\boldsymbol{x}_i(t)$ ($i = 1, 2, \cdots, n$)同步后的更新位置 $\boldsymbol{x}^{(i)}(t+1)$需要的时间代价为 $O(dn)$；使用定义 9-2 计算 $w_{ji}^k(t)(i, j = 1, 2, \cdots, n；k = 1, 2, \cdots, d)$需要的时间代价为 $O(1)$，计算 $x_{ik}(t)$ ($i = 1, 2, \cdots, n$；$k = 1, 2, \cdots, d$)同步后的更新位置 $x_{ik}(t+1)$需要的时间代价为 $O(n)$。所以，过程 6～8 需要的时间代价为 $O(dn^2)$。

过程 9 需要的时间代价为 $O(dn)$。

过程 10～14 需要的时间代价为 $O(1)$。

过程 16 需要的时间代价为 $O(1)$。

过程 17 需要的时间代价为 $O(dnK)$。

根据上面的分析，算法 9-2 需要的时间代价为 $O(Tdn^2)$。

9.4　参数的优化确定

算法 9-1 和算法 9-2 中的迭代退出阈值参数 ε 仅影响同步迭代的次数及聚类精度，一般可设置在[0.01, 0.000001]范围内。在文献[97]的所有实验中，均设置 $\varepsilon = 0.00001$。

算法 9-1 的近邻阈值参数 δ 可以影响数据集的聚类结果。δ 的优化设置原则：如果两个数据点的相异性度量小于 δ，那么可以认为这两个数据点在同一个聚类中。在文献[19]中，δ 可以通过 MDL 原理来优化确定。根据文献[71]的定理 1 和性质 1，很容易选择、确定 δ 的一个合适值。文献[97]实验中的 δ 就是这样确定的。通过大量的仿真实验发现，在多数具有明显聚类结构的数据集中，δ 都具有一个比较宽泛的有效值范围。文献[97]在人工数据集和 8 个 UCI 数据集的仿真实验中，对几种同步聚类模型在聚类精度、聚类速度等方面进行了比较。

第10章　总结与展望

10.1　总结

本书以聚类算法为背景，主要对近邻思想及同步模型在聚类算法领域的应用及其快速实现算法进行研究。

本书的创新工作主要表现在以下7个方面。

（1）基于近邻思想与MST，提出了基于近邻图与单元网格图的聚类算法。

（2）基于近邻思想和近邻势的叠加原理，提出了基于近邻势与单元网格近邻势的聚类算法。

（3）利用适用于动态聚类过程的空间索引结构，提出了快速同步聚类算法的三种实现方法。

（4）基于Vicsek模型的线性版本，提出了一种更为有效的同步聚类算法。

（5）基于Vicsek模型的线性加权版本，提出了一种更为高效的收缩同步聚类算法。

（6）面对大数据时代的海量数据处理需求，提出了一种基于分而治之框架与收缩同步聚类算法的多层同步聚类方法。

（7）面对复杂的、不规则的数据分布，提出了一种基于ESynC算法与微聚类合并判断过程的组合聚类算法。

10.2　展望

基于近邻思想和同步模型的聚类算法研究近几年发展迅速，在本书研究工作的基础上，仍有以下问题值得进一步研究。

（1）在数据挖掘领域中，许多算法都需要事先人工设定一些输入参数，且这些算法对初始化参数比较敏感。根据给定数据集寻找参数的自适应优化方法，仍是一个值得研究的问题。从数据中挖掘出知识的过程可以看作一个优化过程，针对不同的挖掘目标，自适应地选择适用于给定问题的挖掘流程和挖掘方法，属于挖掘过程优化问题。自适应地寻找最优挖掘过程和发现最优参数配置规律是数据挖掘领域的研究难点。

（2）可以将优化思想嵌入数据流挖掘，以提升数据流挖掘算法的效果。例如，在数据流分类算法和数据流聚类算法中引入特征加权方法，这个研究方向具有一定的理论意义和应用价值。

（3）将同步模型应用到数据流挖掘中，以提升高维数据流的挖掘效果。

参考文献

[1] JAIN A K, MURTY M N, FLYNN P J. Data clustering: A review [J]. ACM Computing Surveys, 1999, 31(3): 264-323.

[2] QLAN W N, ZHOU A Y. Analyzing popular clustering algorithms from different viewpoints [J]. Journal of Software, 2002, 13(8): 1382-1394.

[3] GRABMEIER J, RUDOLPH A. Techniques of cluster algorithms in data mining [J]. Data Mining and Knowledge Discovery, 2002(6): 303-360.

[4] ARABIE P, HUBERT L, SOETE G D. An overview of combinatorial data analysis [J]. Clustering and Classifications, 1996, 188-217.

[5] BEZDEK J C. Pattern recognition with fuzzy objective function algorithms [M]. New York: Plenum Press, 1981.

[6] MACQUEEN J B. Some methods for classification and analysis of multivariate observations [C]. Proceedings of the 5th Berkeley Symposium on Mathematical Statistand Probability, 1967.

[7] GUHA S, RASTOGI R, SHIM K. CURE: An efficient clustering algorithm for clustering large databases [C]. SIGMOD, 1998.

[8] KARYPIS G, HAN E H, KUMAR V. CHAMELEON: A hierarchical clustering algorithm using dynamic modeling [J]. IEEE Computer, 1999, 32(8): 68-75.

[9] ZHANG T, RAMAKRISHNAN R, LIVNY M. BIRCH: An efficient data clustering method for very large databases [C]. SIGMOD, 1996.

[10] ESTER M, KRIEGEL H P, SANDER J, et al. A density-based algorithm for discovering clusters in large spatial data sets with noise [C]. SIGKDD, 1996.

[11] ANKERST M, BREUNIG M M, KRIEGEL H P, et al. OPTICS: Ordering points to identify the clustering structure [C]. SIGMOD, 1999.

[12] ROY S, BHATTACHARYYA D K. An approach to find embedded clusters using density based techniques [C]. Lecture Notes in Computer Science, 2005.

[13] AGRAWAL R, GEHRKE J, GUNOPOLOS D, et al. Automatic subspace clustering of high dimensional data for data mining application [C]. SIGMOD, 1998.

[14] WANG W, YANG J, MUNTZ R. STING: A statistical information grid approach to spatial data mining [C]. VLDB, 1997.

[15] THEODORIDIS S, KOUTROUMBAS K. Pattern recognition [M]. Academic Press, 2006.

[16] HORN D, GOTTLIEB A. Algorithm for data clustering in pattern recognition problems based on quantum mechanics [J]. Physical Review Letters, 2002, 88(1): 018702-018701-018702-018702.

[17] LUXBURG U V. A tutorial on spectral clustering [J]. Statistics and Computing, 2007, 17(4): 395-416.

[18] SCHÖLKOPF B, SMOLA A, MÜLLER K R. Nonlinear component analysis as a kernel eigenvalue problem [J]. Neural Computation, 1998, 10(5): 1299-1319.

[19] BÖHM C, PLANT C, SHAO J, et al. Clustering by synchronization [C]. SIGKDD, 2010.

[20] HUANG J B, KANG J M, QI J J, et al. A hierarchical clustering method based on a dynamic synchronization model [J]. Science in China Series F: Information Sciences, 2013, 43(5): 599-610.

[21] SHAO J, HE X, BÖHM C, et al. Synchronization inspired partitioning and hierarchical clustering [J]. IEEE Transaction on Knowledge and Data Engineering, 2013, 25(4): 893-905.

[22] SHAO J, HE X, PLANT C, et al. Robust synchronization-based graph clustering [C]. 17th Pacific-Asia Conference on Knowledge Discovery and Data Mining, 2013.

[23] SHAO J, AHMADI Z, KRAMER S. Prototype-based learning on concept-drifting data streams [C]. SIGKDD, 2014.

[24] KAUFMAN L, ROUSSEEUW P J. Finding groups in data: An introduction to cluster analysis [M]. New York: John Wiley & Sons, 1990.

[25] HUANG Z. Extensions to the k-means algorithm for clustering large data sets with categorical values [J]. Data Mining and Knowledge Discovery, 1998(2): 283-304.

[26] ARTHUR D, VASSILVITSKII S. k-means++: The advantages of careful seeding [C]. ACM-SIAM Symposium on Discrete Algorithms, 2007.

[27] ZALIK K R. An efficient K-means clustering algorithm [J]. Pattern Recognition Letters, 2008, 29(9): 1385-1391.

[28] CAO F, LIANG J, JIANG G. An initialization method for the K-means algorithm using neighborhood model [J]. Computers & Mathematics with Applications, 2009, 58(3): 474-483.

[29] HUBERT L J, ARABIE P. Comparing partitions [J]. Journal of Classification, 1985, 2(1): 193-218.

[30] DAVIES D L, BOULDIN D W. A cluster separation measure [J]. IEEE Transactions on Pattern Analysis and Machine Intelligence, 1979, 1(2): 224-227.

[31] DUNN J C. A fuzzy relative of the isodata process and its use in detecting compact well-separated clusters [J]. Cybernetics and Systems, 1973, 3(3): 32-57.

[32] BEZDEK J C, PAL N R. Some new indexes of cluster validity [J]. IEEE Transactions on Systems, Man, and Cybernetics, 1998, 28(3): 301-315.

[33] JOHNSON S C. Hierarchical Clustering Schemes [J]. Psychometrika, 1967(2): 241-254.

[34] GUHA S, RASTOGI R, SHIM K. ROCK: A robust clustering algorithm for categorical attributes [C]. ICDM, 1999.

[35] FISHER D. Improving inference through conceptual clustering [C]. AAAI, 1987.

[36] GENNARIM J, LANGLEYM P, FISHERM D. Models of incremental concept formation [J]. Artificial Intelligence, 1989(40): 11-61.

[37] CHEESEMAN P, STUTZ J. Bayesian classification (AutoClass): theory and results [M]. Advances in Knowledge Discovery and Data Mining. AAAI/MIT Press, 1996.

[38] SHI J, MALIK J. Normalized cuts and image segmentation [J]. IEEE Transactions on Pattern Analysis and Machine Intelligence, 2000, 22(8): 888-905.

[39] FREY B J, DUECK D. Clustering by passing messages between data points [J]. Science, 2007, 315(16): 972-976.

[40] GRÄUNWALDM P. A tutorial introduction to the minimum description length principle [M]. Advances in Minimum Description Length: Theory and Applications. Cambridge: MIT Press, 2005.

[41] RODRIGUEZ A, LAIO A . Clustering by fast search and find of density peaks [J]. Science, 2014, 344(6191): 1492-1496.

[42] BOUGUETTAYA A, YU Q, LIU X M, et al. Efficient agglomerative hierarchical clustering [J]. Expert Systems with Applications, 2015, 42(5): 2785-2797.

[43] GARCÍA M L L, RÓDENAS R G, GÓMEZ A G. K-means algorithms for functional data [J]. Neuro computing, 2015(15): 231-245.

[44] OZTURK C, HANCER E, ERCIYES D K. Dynamic clustering with improved binary artificial bee colony algorithm [J]. Applied Soft Computing, 2015(28): 69-80.

[45] GHASSABEH Y A. Asymptotic stability of equilibrium points of mean shift algorithm [J]. Machine Learning, 2015(98): 359-368.

[46] KOLESNIKOV A, TRICHINA E, KAURANNE T. Estimating the number of clusters in a numerical data set via quantization error modeling [J]. Pattern Recognition, 2015(48): 941-952.

[47] VILLALBA L J G, OROZCO A L S, CORRIPIO J R. Smartphone image clustering [J]. Expert Systems with Applications, 2015(42): 1927-1940.

[48] LUZ LÓPEZ GARCÍA M, GARCÍA-RÓDENAS R, GONZÁLEZ GÓMEZ A. K-means algorithms for functional data [J]. Neurocomputing, 2015, 151(1): 231-245.

[49] RITTER G X, NIEVES VÁZQUEZ J A, GONZALO U. A simple statistics-based nearest neighbor cluster detection algorithm [J]. Pattern Recognition, 2015, 48(3): 918-932.

[50] VICSEK T, CZIROK A, BEN JACOB E, et al. Novel type of phase transitions in a system of self-driven particles [J]. Physics Review Letter, 1995, 75(6): 1226-1229.

[51] ZHANG H T, FAN M C, WU Y, et al. Ultrafast synchronization via local observation [J]. New Journal of Physics, 2019, 21(1): 013040.

[52] CHEN C, LIU S, SHI X Q, et al. Weak synchronization and large-scale collective oscillation in dense bacterial suspensions [J]. Nature, 2017, 542(7640): 210.

[53] REYNOLDS C. Flocks, birds, and schools: a distributed behavioral model [J]. Computer Graphics, 1987(21): 25-34.

[54] CZIROK A, BARABASI A L, VICSEK T. Collective motion of self-propelled particles: kinetic phase transition in one dimension [J]. Physical Review Letters, 1999(82): 209-212.

[55] JADBABAIE A, LIN J, MORSE A S. Coordination of groups of mobile autonomous agents using nearest neighbor rules [J]. IEEE Transactions on Automatic Control, 2003, 48(6): 998-1001.

[56] LIU Z, GUO L. Connectivity and synchronization of Vicsek model [J]. Science in China Series F: Information Sciences, 2008, 51(7): 848-858.

[57] WANG L, LIU Z. Robust consensus of multi-agent systems with noise [J]. Science in China Series F: Information Sciences, 2009, 52(5): 824-834.

[58] NAGY M, ÁKOS Z, BIRO D, et al. Hierarchical group dynamics in pigeon flocks [J]. Nature, 2010, 464(7290): 890-893.

[59] ZHANG H T, CHEN Z, VICSEK T, et al. Route-dependent switch between

hierarchical and egalitarian strategies in pigeon flocks [J]. Scientific Reports, 2014(4): 5805.

[60] CHEN Z, ZHANG H T, CHEN X, et al. Two-level leader-follower organization in pigeon flocks [J]. Europe Physics Letters, 2015, 112(2): 20008.

[61] WU L, POTA H R, PETERSEN I R. Synchronization conditions for a multirate Kuramoto network with an arbitrary topology and nonidentical oscillators [J]. IEEE Transactions on Cybernetics, 2019, 49(6): 2242-2254.

[62] ALLEFELD C, KURTHS J. An approach to multivariate phase synchronization analysis and its application to event-related potentials [J]. International Journal of Bifurcation and Chaos, 2004, 14(2): 417-426.

[63] KIM C S, BAE C S, TCHA H J. A phase synchronization clustering algorithm for identifying interesting groups of genes from cell cycle expression data [J]. BMC Bioinformatics, 2008(9): 56.

[64] SHAO J, BÖHM C, YANG Q, et al. Synchronization based outlier detection [C]. ECML/PKDD, 2010.

[65] SHAO J, YANG Q, BÖHM C, et al. Detection of arbitrarily oriented synchronized clusters in high-dimensional data [C]. IEEE ICDM, 2011.

[66] YING W, CHUNG F L, WANG S. Scaling up synchronization-inspired partitioning clustering [J]. IEEE Transactions on Knowledge and Data Engineering, 2014, 26(8): 2045-2057.

[67] SHAO J, YANG Q, DANG H V, et al. Scalable clustering by iterative partitioning and point attractor representation [J]. ACM Transactions on Knowledge Discovery from Data, 2016,11(1): 1-23.

[68] SHAO J, GAO C, ZENG W, et al. Synchronization-inspired co-clustering and its application to gene expression data [C]. ICDM, 2017.

[69] HANG W, CHOI K, WANG S. Synchronization clustering based on central force optimization and its extension for large-scale datasets [J]. Knowledge-Based Systems, 2017(118): 31-44.

[70] QIN J, MA Q, GAO H, et al. On group synchronization for interacting clusters

of heterogeneous Systems [J]. IEEE Transactions on Cybernetics, 2017, 47(12): 4122-4133.

[71] CHEN X. An effective synchronization clustering algorithm [J]. Applied Intelligence, 2017, 46(1): 135-157.

[72] CHEN X. Fast synchronization clustering algorithms based on spatial index structures [J]. Expert Systems with Applications, 2018(94): 276-290.

[73] SHAO J, TAN Y, GAO L, et al. Synchronization-based clustering on evolving data stream [J]. Information Sciences, 2019(501): 573-587.

[74] CHEN X, QIU Y. An effective multi-level synchronization clustering method based on a linear weighted Vicsek model [J]. Applied Intelligence, 2020, 50(11): 4063-4080.

[75] CHEN L, GUO Q, LIU Z, et al. Enhanced synchronization-inspired clustering for high-dimensional data [J]. Complex & Intelligent Systems, 2020(7): 203-223.

[76] CHEN X, QIU Y. A combined clustering algorithm based on ESynC algorithm and a merging judgement process of micro-clusters [J]. International Journal of Uncertainty, Fuzziness and Knowledge-Based Systems, 2021, 29(3): 463-495.

[77] CHEN X. A new clustering algorithm based on near neighbor influence [J]. Expert Systems with Applications, 2015,42(21): 7746-7758.

[78] CHEN X, MA J, QIU Y, et al. A shrinking synchronization clustering algorithm based on a linear weighted Vicsek model [J]. Journal of Intelligent & Fuzzy Systems, 2023, 45(6): 9875-9897.

[79] CHEN X. Clustering based on a near neighbor graph and a grid cell graph [J]. Journal of Intelligent Information Systems, 2013, 40(3): 529-554.

[80] HANAN SAMET. 多维与度量数据结构基础[M]. 周立树，译. 北京：清华大学出版社，2011.

[81] BAYER R, MCC E. Organization and maintenance of large ordered indices [C]. ACM-SIGFIDET Workshop on Data description and Access, Houston, Texas, 1970.

[82] COMER D. The ubiquitous B-tree [J]. Computing Surveys, 1979, 11(2): 121-138.

[83] FISCHBECK S E. The Ubiquitous B-tree: Volume II [D]. New York: Rochester Institute of Technology, 1987.

[84] BENTLEY J L. Decomposable searching problem [J]. Information Processing Letter, 1979, 8(5): 244-251.

[85] FINKEL R A, BENTLEY J L. Quad trees: A data structure for retrieval on composite keys [J]. Acta Informatica, 1974, 4(1): 1-9.

[86] CORMEN T H, LEISERSON C E, Rivest R L, et al. Introduction to Algorithms (The Third Edition) [M]. Cambridge: The MIT Press, 2009.

[87] YAO A C. An $O(|E|\cdot\log\log|V|)$ algorithm for finding minimum spanning trees [J], Information Processing Letters, 1975, 4(1): 21-23.

[88] YAO A C. On constructing minimum spanning trees in k-dimensional spaces and related problems [J]. SIAM Journal on Computing, 1982, 11(5): 721-736.

[89] JARVIS R A, PATRICK E A. Clustering using a similarity measure based on shared near neighbors [J]. IEEE Transactions on Computers, 1975, C-22(11): 1025-1034.

[90] GUHA S, RASTOGI R, SHIM K. ROCK: A robust clustering algorithm for categorical attributes [C]. ICDM, 1999.

[91] ERTÖZ L, STEINBACH M, KUMAR V. Finding clusters of different sizes, shapes, and densities in noisy, high dimensional data [C]. SIAM ICDM, 2003.

[92] STREHL A, GHOSH J, MOONEY R. Impact of similarity measures on web-page clustering [R]. AAAI Technical Report, 2000: 58-64.

[93] FUKUNAGA K, HOSTETLER L. The estimation of the gradient of a density function, with applications in pattern recognition [J]. IEEE Transactions on Information Theory, 1974, 21(1): 32-40.

[94] COMANICIU D, MEER P. Mean shift: A robust approach toward feature space analysis [J]. IEEE Transactions on Pattern Analysis and Machine Intelligence, 2002, 24(5): 603-619.

[95] STREHL A, GHOSH J. Cluster ensembles - a knowledge reuse framework for combining multiple partitions [J]. Journal of Machine Learning Research, 2002(3): 583-617.

[96] VINH N X, EPPS J, BAILEY J. Information theoretic measures for clusterings comparison: Variants, properties, normalization and correction for chance [J]. Journal of Machine Learning Research, 2010(11): 2837-2854.

[97] 陈新泉，戴家树，周灵晶. 几种同步聚类模型的比较与分析[C]. 第 21 届中国系统仿真技术及其应用学术年会论文集，2020.

附录 A

（算法 2-1、算法 2-2 和算法 3-1 的 C 代码实现框架）

```
#define DIMENSION 2      //数据集的维数
#define NUM_POINT 4000    //数据点数目
#define NUM_CLUSTER 5  //聚类数目
#define MIN_DISTANCE 18    // 构造近邻点集时设定的近邻阈值参数
#define DELTA 20      //划分区间间隔 Interval=(r1,r2,…,rm)=(DELTA,…,DELTA)，使单元网格的数目保持在 O(N)=O(n^1/2)
#define WIDTH 600  //显示窗口的宽度为 800 个像素
#define MAX_VALUE 9999999999
#define MIN_VALUE -9999999999
#define THRESHOLD 1    //有效单元网格的数据点数目阈值
//#define RAND_MAX 32767//最大的随机整数

//点结构
struct Point
{
    double x[DIMENSION];
};

//单元网格结构
struct Grid
{
    double p[DIMENSION];  // P=(p1,p2,…,pm)为单元网格的中心位置
    double r[DIMENSION];   // ri(i=1,2,…,m)为单元网格在第 i 维上的区间长度
    int Number;  //记录单元网格所包含的数据点数目
    int *pPointId;  //记录该单元网格所包含的数据点的下标 ID
};

//单元网格的数目在经过多维网格划分后统计得到
//int num_GridSet;
```

```
//struct Grid GridSet[num_GridSet];

//单元网格的近邻单元网格的结构
struct NeighGridSet
{
    int *pngs;  //采用pngs[]来存储该单元网格的近邻单元网格的下标
    int Number;  //记录该单元网格的近邻单元网格集的数目
};

//数据集的近邻点集结构
struct NeighbourSet
{
    int *pns;  //采用pns[]来存储该点的近邻点集所包含的数据点的下标
    int Number;  //记录该点的近邻点集所包含的数据点数目
};

struct Record
{
    int Label;
    double element;
};

struct UFSTree
{
    int data;
    int rank;
    int parent;
};

struct MsfSet
{
    int *mns;  //采用mns来存储该连通子树的数据点所包含的数据点的下标
    int Number;  //记录该连通子树的数据点数目 in msf
    int Label;  //记录该连通子树的数据点所归属的LP
};

struct Edge
{
    int u;
```

```
    int v;
    double weight;
};

struct GraphMatrix
{
   int n;              //图的顶点数目
   int vexs[NUM_POINT];    //顶点信息
   double *arcs[NUM_POINT];     //边信息
};
#include "stdio.h"
#include "stdlib.h"
#include "graphics.h"
#include "conio.h"
#include "math.h"
#include "DataClustering.h"
#include "time.h"

//数据集 DataSet 生成
//在[0, WIDTH]* [0, WIDTH]范围内生成NUM_POINT 个数据点、NUM_CLUSTER个聚类，以聚类核心为基础，在R半径区域内生成数据点，聚类核心之间相距3R
//在总区域范围内随机生成NUM_POINT/4 个数据点作为噪声
int Create_DataSet(struct Point DS[], int NumPoint, int NumCluster)

int Create_DataSetNoNoise(struct Point DS[], int NumPoint, int NumCluster)

double distance(struct Point X, struct Point Y)

void Get_NeighSetNumber(struct Point DS[], int NeighSetNumber[], int NumPoint)

//构造数据集 DataSet 的近邻点集
void Get_NeighbourSet(struct Point DS[], struct NeighbourSet NS[], int NumPoint)

int Get_GSNumber(struct Point DS[], int NumPoint)

//获取单元网格集中每个单元网格所包含的数据点数目，并将其存储在GS[i].Number中
```

```
void Get_GS_PNumber_r_p(struct Point DS[], struct Grid GS[], int
NumPoint, int GridNumber)

//构造数据集 DataSet 的单元网格集
void Create_GridSet(struct Point DS[], struct Grid GS[], int
NumPoint, int GridNumber)

//获取单元网格的近邻单元网格集所含元素的数目，通过 NGSNumber[i]返回第 i 个单
元网格的近邻单元网格数目
void Get_NGSNumber(struct Grid GS[], int NGSNumber[], int GridNumber)

//创建近邻单元网格集，通过 NGS[i]返回第 i 个单元网格的近邻单元网格集
void Create_NeighGridSet(struct Grid GS[], struct NeighGridSet
NGS[], int GridNumber)

void Get_NeighSetNumberFaster(struct Point DS[], struct Grid GS[],
struct NeighGridSet NGS[], int NeighSetNumber[], int NumPoint, int
GridNumber)

void Get_NeighbourSetFaster(struct Point DS[], struct Grid GS[],
struct NeighGridSet NGS[], struct NeighbourSet NS[], int NumPoint,
int GridNumber)

//数据集 DataSet 的绘制
void Draw_DataSet(struct Point DS[], int NumPoint)

//MST 的绘制
void Draw_MST(struct Point DS[], struct Edge MST[], int NumPoint,
int EdgeNumInMST)

//排序算法
void Sort(struct Record vector[],int l,int r)

//数据集 DataSet 的近邻势的计算,通过 NeighInfluence[NUM_POINT]返回 DataSet
的近邻势
void Computing_NeighInfluence(struct Point DS[], struct NeighbourSet
NS[], double NeighInfluence[], int NumPoint)

//分离集数据结构的实现
```

```
void Make_Set(struct UFSTree t[], int NumPoint)

int Find_Set(struct UFSTree t[], int x, int NumPoint)

void Union(struct UFSTree t[], int x, int y, int NumPoint)

int Kruskal(struct Point DS[], struct UFSTree DisjointSet[], struct Edge MST[], struct Edge E[], int NumPoint, int EdgeNumber)

//Prim 算法（修改版）
void prim(struct GraphMatrix *pgraph, Edge *mst)

//在 MSF 的基础上构建一棵 MCBT，得到非连通图 Gk(S)的一棵 MST
void Create_GT(struct Point DS[], struct UFSTree DisjointSet[], struct Edge MST[], int NumPoint, int EdgeNumInMST)

//在从 MSFk(S)中构造一棵连通这些分离的生成子树的 MCBT 时，采用更为精巧的方法，可以有更低的时间代价
void Create_GTFaster(struct Point DS[], struct UFSTree DisjointSet[], struct Edge MST[], int NumPoint, int EdgeNumInMST)

//在从 MSFk(S)中构造一棵连通这些分离的生成子树的 MCBT 时，采用近似方法，还可以有更低的时间代价
void Create_GTFastest(struct Point DS[], struct UFSTree DisjointSet[], struct Edge MST[], int NumPoint, int EdgeNumInMST)

//算法 2-1：基于近邻图的聚类算法
void ClusteringbyNeighGraph(struct Point DS[], struct NeighbourSet NS[], struct Edge MST[], int NumPoint)

//算法 3-1：基于近邻势的聚类算法
void ClusteringbyNeighInfluence(struct Point DS[], struct NeighbourSet NS[], double NeighInfluence[], int ClusteringResult[], int NumPoint)
//ClusteringResult[]存储 DS[]中数据点经过聚类后的聚类归属标号，即 Label[]

//算法 2-2 的第一种实现方法：基于单元网格的 MST 聚类算法
void MSTClusteringBaseGrid(struct Point DS[], struct Grid GS[], struct Edge MST[], int NumPoint, int GridNumber)
```

```
//比较算法：基于完全图的MST聚类算法
void ClusteringbyMST(struct Point DS[], struct Edge MST[], int NumPoint)

void ClusteringbyPrim(struct Point DS[], struct Edge MST[], int NumPoint)

double SumOfEdgeWeightInMST(struct Edge MST[], int MstNodeNumber)

//AP算法
int AP_DataSetMalloc(struct Point DS[], int ClusterOfPoint[], int ClusterIndexOfPoint[], int NumPoint)

void KMeans_DataSet(struct Point DS[], int ClusterIDOfPoint[], int NumPoint, int ClusterNumber)

//算法2-2的第二种实现方法：基于单元网格的聚类算法
void ClusteringBaseGrid(struct Point DS[], struct Grid GS[], int NumPoint, int GridNumber)
```

致谢

感谢安徽省自然科学基金项目（2108085MF213）、安徽工程大学校企合作项目（2023qyhz15）和国家自然科学基金面上项目（61976005）为本专著的出版提供了资助；感谢电子工业出版社编辑白雪纯女士为本书的出版提出了很多非常重要的建议；感谢硕士研究生邱怡柔同学和胡超同学对本书的检查；感谢电子科技大学邵俊明教授将他的博士论文发给我，启发我完成了本专著的部分工作；感谢电子科技大学的周涛教授，让我获得了三年的博士后研究工作机会，进而找到了一个研究机遇；感谢澳大利亚麦考瑞大学计算机系的 Jia Wu 博士，让我获得了一年的国外访学机会，并能够初步调整好研究心境；感谢我的女儿陈清曦陪伴我来到澳大利亚学习，让我懂得如何更好地生活。